낯선

전명진 여행 에세이

북클라우드

낯선

'낯선 곳에 있어요', '낯선 사람들과 있어요'와 같은 말을 가족이나 친구로부터 들었다고 생각해보자. 군이 영화 〈테이큰〉의 리암니슨이 아니더라도 걱정하고 찾아가려 할 것이다. 이번에는 같은 자리에 '새로운'이라는 단어를 대치해보자. '새로운 곳에 있어요', '새로운 사람들과 있어요' 전혀 다른 어감을 가진다. 부정어와 긍정어의 차이처럼 느껴진다. 사전적 정의를 찾아보았다.

*낯설다 : 전에 본 기억이 없어 익숙하지 아니하다.
*새롭다 : 지금까지 있은 적이 없다.

흥미로웠다. 둘은 분명 많은 부분에서 맞닿아 있다. 또한 하늘과 땅 만큼의 차이가 있다. 그 모든 새로운 상황에 낯설다는 표현을 넣으면 묘한 두려움과 설렘이 일었다. 여행이라는 것이 그랬다. 낯설고 물설은 곳에 가서 새로운 나를 발견하는 과정이 아닌가. 수많은 나라를 여행했지만 여전히 새로운 곳에 갈 때는 낯선 곳이 갖는 매력이 느껴진다. 여행하며 다녀온 도시도 촬영으로 다시 가면 반갑다가 새로운 골목에 들어서면 다시금 낯설지 않았던가.

여행이 삶의 자세를 바꾸어 놓았고, 철학을 단단히 해주었으며, 그것이 계기가 되어 인생 전체의 노정이 변경된 어느 젊은 사진가의 이야기를 해보려고 한다. 기계공학을 전공하다 문득, 졸업해서 기계 부품처럼 살까 봐 두려운 마음에 택한 세계여행. 여행을 하며 자신으로서 존재하는 것이 얼마나 중요하고 어려운가를 알게 되어 백방으로 길을 찾다 사진작가 김중만 선생님을 만났다. 그 계기로 짧지 않은 시간 문하에서 사진을 배우면서 이전에는 생각지도 못했던 낯선 항로에 들어서게 되었다. 공학 계산기와 씨름하던 그가 스튜디오에 놀러 온 레이첼 야마가타의 목소리를 듣고, 데미안 라이스가 공언히는 허름한 펍에서 그와 이야기를 나누던 장면은 다시금 생각해도 여전히 낯선 상황이다.

단순히 새롭다는 말로는 표현할 수 없는, 그래서 더욱 내일이 궁금한 무명의 사진가가 카메라 하나 덜렁 메고 떠나는 낯선 노정에 그대를 초대한다.

Contents

#1
낯선 골목에서

Dubrobnik, Croatia, 2014

삶을 사랑하는 길목
낯선 여행을 권하다

살면서 누구나 여러 경험을 하고 경험으로 많은 것을 배운다.

경험이란 음악과도 같은 것이어서 짙은 감수성으로

가장 순수하게 받아들일 수 있는 시기가 있다.

그때를 넘어서면 뭔가 시시해지고, 번잡하게 느껴질 수밖에 없다.

유행가를 미친 듯이 좋아했던 때는 보통 20대 이전이다.

후에 훈련 등을 통해 이해력이나 해석 능력은 좋아질 수 있지만,

어지간한 음악가가 아닌 이상 그때의 강렬함은 없다.

독서나 여행 같은 것도 어떤 시기가 중요하다.

그때가 아니면 안 되는 것들이 너무나 많다.

어쩌면 이미 다른 경험을 통해 그것이 충분히 흡수될

시기를 지나버렸기 때문인지 모른다.

여행을 통해 우리는
길을 잘 알게 되는 것이 아니라

길을 묻는 방법을 알게 된다.

Corniglia, Italia, 2015

책을 읽는 것, 석양을 바라보는 것.

이러한 것들은 어찌 보면 너무나 흔한 일이라고 생각된다.

그렇지만 바쁜 일과시간을 쪼개는 것,

30분이 채 되지 않는 해 질 녘에 바깥에 서 있는 것.

생각보다 어렵다.

잠깐의 선택이 모여 우리의 삶을 이루게 된다.

그리고 그것들은 취향이 된다.

무취향, 무취미의 시대.

지금 선택해야 할 것의 우선순위가 다를지 모른다.

겨울의 문턱, 어느 중학교 강연을 마치고 나오는데,

학생부장 선생님이 마이크를 잡고는 아이들에게 말했다.

"지금 보니까 빨간 패딩 입고 있는 사람들 있는데, 내일부터는

입고 오지 말도록. 나한테 걸리면 벌점이야."

학생들이 "왜요? 왜요?" 하고 묻자

"학교에 원색을 입고 오면 안 돼! 질문하지 마."

아니 그러면,

노란색은? 파란색은? 초록색은? 형광색은?

스펙트럼, 다양성 따위의 단어를 섞어가며 2시간 동안 떠든

나 자신이 무색해졌다.

보이지 않는 하늘길을 가듯,

우리의 삶은 마음속 여로를 따른다.

해를 따라 각자의 꿈이 떠오른다.

겸손하면 모자란 줄 알고,

검소하면 없는 줄 아는 사람도 있다.

그저 우리는 각자의 여로를 갈 뿐이다.

Incheon, Korea, 2014

Arles, France, 2008

언제라도 만나면 그대와 달고 진한 술 한 병을.

당신이 만난 밤하늘과, 머물던 공기 안에서

생의 고통과 꿈의 축제를 함께할

그 어느 날을 위하여 건배.

"How old are you?"

"I'm nineteen years young."

못 알아들을 뻔했다.

"재밌네. 몇 살까지 years young이야?"

"그런 게 어딨어? 난 ninety years young까지 할 거야."

그러네.

그런 게 어디 있겠어.

Vernazza, Italia, 2015

살라 하기에 살았고,

나가라기에

문밖으로 나갔다.

바다를 건너는 것도 부족해

산을 오르고 사막을 건넌다.

낙타처럼 적게 먹고 멀리 가는 시간.

삶으로써 쌓아가고

나아감으로써 나아진다.

누구의 명도 아니었다.

가슴 속의 외침이었다.

Asilah, Morocco, 2014

#2
떨림

떨림

그대 만나고 오는 길이 아무리 먼들,

막차 시간에 쫓겨 다만 십 분이 아쉬울지라도.

그 눈맞춤, 입맞춤 한 번이면 된다.

너무 춥지 않은 겨울밤, 별이 총총.

호호 불며 돌아서는 나의 손에

그대 향기가 들었다.

흔들림 없는 관계가 어디 있겠느냐만은

당신과의 길에는 긴 시간

흔들림보다 떨림으로 함께하면 좋겠다.

Jeju, Korea, 2013

지금 이 순간

가장 가까운 여행친구가 있습니다.

처음 제주에 함께 갔던 날을 기억합니다.

나는 한시도 손에서 카메라를 놓을 수 없는 사람입니다.

아무리 여러 번 가도 제주도는 늘 새로운 모습을 보여주니까요.

그것이 자연이든, 인공물이든 마찬가지입니다.

바람이 숨 쉬는 돌담길이나,

오름에 쌓아둔 묘지마저도 자연스러운 곳.

그런데 친구는 며칠을 다녀도

그 흔한 휴대전화 사진 한 장을 찍지 않습니다.

역설적이지만 그 모습이 좋았습니다.

굳이 사진으로 남기지 않아도

그 시간을 오롯이 즐기는 모습이 좋았습니다.

앞으로 더 많이 함께 다녀도 좋겠다는 생각을 했습니다.

어차피 사진은 제가 찍으니까요.

난치병 아이들의 소원을 들어주는 단체를 돕고 있습니다.

항공기 조종사, 축구선수, 요리사 등 다양한 꿈이 기록됩니다.

〈겨울왕국〉의 엘사가 되고 싶은 아이를 위하여

포스터에 넣어 주기도 합니다.

그 순간만큼은 아이들이 세상 모든 것을 가진 표정을 지어줍니다.

직업이 저에게 주는 기쁨이기도 합니다.

언젠가부터 한 가지 주문사항이 생겨납니다.

'부디 휴대전화는 치워주세요.'

아이들의 엄마, 아빠가 그 모습을 기록하기 위해

끊임없이 사진을 찍습니다.

한순간이라도 놓칠세라 동영상을 켜고 따라다니며 담습니다.

그러면 아이와 함께 행복해하는

부모님의 모습을 담아내기가 어렵습니다.

그럴 땐 잠시 꺼두셔도 되겠습니다.

그 작은 LCD로 보기에는 아이의 꿈이 너무나 큽니다.

이 순간이 너무 빨리 지나갑니다.

어차피 사진은 제가 찍으니까요.

Marrakesh, Morocco, 2014

빛을 바라보는 시선에는 그림자가 없다.

빛을 등지고 서면 어둠만이 보인다.

그대, 나의 존재가 언제나 안식이면 좋겠다.

바람 부는 고산에 초목 하나 없는 곳에서도 나는 기도하리,

그대, 내 고마운 존재 되길 포기하지 않으면 좋겠다.

눈 내린 벌판에 산란하는 눈부신 빛이 되면 좋겠다.

그늘진 곳 없는 정오의 들녘이면 좋겠다.

길 위의 사색은 우리를 성장하게 하고,
글 사이의 산책은 우리를 더욱 깊게 한다.

비어 있는 옆자리가 당신을 기다린다.

Carrara, Italia, 2015

Jeju, Korea, 2013

언제고 마음을 기댈 수 있는 사람.

많을 것도 없이 하나라도 온전히.

좋은 기운을 주거니 받거니.

그런 동무가 된다는 건

더욱이 감사한 일.

바람이 부니 길을 나서야지.

빛이 좋으니 사진에 담아야지.

당신이 곁에 있으니 어루만져야지.

모두 같은 말.

Firenze, Italia, 2015

잃고 싶지 않다는 이유로
거리를 두었다가

영영 거리를 두게 되어버린다.

Vernazza, Italia, 2015

나이 서른

모두가 나이 듦을 안타까워한다.

서른에 접어들 때 이십 대의 패기와 열기는

아무래도 좀 수그러든다.

여행하면서나 생활에서나 육체적인 면이 예전 같지 않다.

그렇지만 사회적으로, 업무적으로 제법 목소리를 낼 수 있게 된다.

나름의 철학도 쌓여간다.

어찌 보면 10대나 20대보다도 30대의 경험과 생각이

이후의 삶에 더욱 큰 영향을 미치는지도 모르겠다.

너무 일찍 자기만의 성벽을 세우면 곤란하다.

그래야 어떤 것이 의미 있고, 어떤 것이 부질없는가를 알게 된다.

그리고 무엇보다

더 이상은 잃어보지 않고도

그대와의 만남이 얼마나 귀한지를 알게 된다.

사진은 인물로 시작해서 인물로 끝난다.

만사는 관계로 시작해서 관계로 끝난다.

관계 안에 사람이 있다.

그리고 내 안에 그대가 있다.

Monte Rosso, Italia. 2015

'가까운 미래에'라거나

'머지않은 날에'라는 말을 좋아한다.

이를테면

"가까운 미래에 다시 만나요",

'머지않은 날에 쿠바에 가야지' 같은 쓰임.

그저

"언제 밥 한번 먹자"와는 사뭇 다른

의지의 개입이 있다.

또는

'안 되면 어쩔 수 없지만,

너무 오래 걸리지는 않았으면 좋겠다'

정도의 뜻이 들어 있다.

가까운 미래에 당신을 만나면 좋겠다.

Istanbul, Turkey, 2015

짧다 해서 추억이 아니겠는가.

길다 해서 사랑이라 하겠는가.

그럴지언정 다 잊었겠는가.

El Chalten, Argentiana, 2008

#3
밀라노의 집시

La Spezia, Italia, 2015

밀라노의
집시

　많은 사람으로부터 결혼하면 신혼여행은 어디로 갈 생각인지 질문을 받는다. 하는 대답은 늘 같다. "아무도 모르는 곳으로 갑니다." 농담이면서 진담이다. 나는 많은 곳을 다녀봤으니 꼭 어디로 신혼여행을 가고 싶다는 생각은 없다. 전적으로 배우자의 몫이다. 아직 결혼을 안 했으니 아무도 모르는 일이다. 가보았던 곳이라면 성실한 가이드가 될 것이고, 못 가본 곳이라면 함께 새로운 모험을 하는 것이니 어느 쪽이어도 좋다. 피렌체나 바르셀로나, 카트만두 같은 곳은 다른 이는 알 수 없는 소소한 골목까지 데이트코스를 짤 수 있으니 더욱 좋지 않을까.

　다만 정말로 신혼여행을 가고 싶은 상대가 있다면 그전에 둘이서 많은 여행을 해보기를 권하고 싶다. 그저 좋은 휴양지만이 아닌 고생이 되는 여행도 함께하면 서로의 더욱 깊은 모습을 볼 수 있으니 말이다.

조금 다른 이야기. 몇몇 분들과 함께 전 세계의 멋쟁이들과 장인이 한자리에 모이는 피티우오모^{Pitti uomo}를 찾았다. 매번 갈 때마다 느끼는 것이지만 그곳에 모인 사람들의 과감하면서도 과하지 않은 멋이 좋았다. 한국으로 오기 전날 피렌체에서 돌아와 밀라노역에 내렸다. 워낙 크기도 하고 복잡한 곳이라 다시금 주의를 드렸다. 아무 문제 없이 9일간의 여정을 마쳤다는 생각 때문에 도리어 느슨해질 수 있으니까.

역에서 내려가는 제법 긴 무빙워크가 느닷없이 멈춰 섰다. 모두 어리둥절해 있었다. 몇몇 사람들이 걸어 내려가기 시작했고, 짐이 많은 우리는 바로 움직이지 못했다. 일행의 틈 사이로 아이를 안은 젊은 엄마가 지나갔다. 우리도 짐을 끌고 내려가기로 한다.

앗. 아이를 안은 엄마. 집시가 많은 스페인, 이탈리아, 프랑스의 대도시에서 아이 엄마는 의외의 경계대상이다. 특히 젊을수록 더욱. 그들은 품에 안은 아이를 빌미로 사람들의 경계심을 해제한 후 소매치기를 한다. 그 품에 아이가 없을 수도 있다. 일행 한 명이 누군가 고의로 무빙워크를 멈춘 것 같다며 다들 확인해보라 했다. 아뿔싸. 한 분이 지갑과 여권을 분실했다. 하필이면 당장 내일이 귀국인데, 더구나 현지에서 쓰려고 아주 큰 금액의 현금을 지니고 있었단다.

무엇보다 나이도 있으시고 언어가 통하지 않아 당장 막막한 상황이다. 그 날 묵을 호텔에서는 여권이 없어 체크인도 못 하게 되었다. 우선은 밀라노 영사관이 있으니 그곳에서 임시여권을 발급받는 일이 급했다. 휴일임에도 불구하고 긴급연락을 통해 직원 한 분이 다음 날 아침 출근해서 발급을 도와주기로 했다. 이미 통화를 다 끝냈는데, 어디서 들으셨는지 경찰의 확인서가 있어야 임시여권이 빨리 나온다고 한다. 그러나 영사관 직원은 경찰 확인서가 필요치 않다고 했다.

여기서 문제가 벌어졌다. 기차에서 내려 일행 모두가 힘든 시간을 보내고 있는데, 잃어버린 분은 경찰서에 가서 확인서를 받길 원하셨다. 그분 혼자는 갈 수 없으니 따라나서기로 했다. 물어물어 경찰서에 도착해보니 이미 많은 사람이 각자의 사연으로 대기실을 메우고 있었다. 이탈리아가 어떤 나라인가. 관공서의 일 처리가 늦기로 둘째가라면 서러운 나라 중 하나다. 따로 접수하는 곳도 없고 그저 얼마가 걸릴지 모르는 시간 동안 기다리는 수밖에 없었다. 나와 둘이 남고 나머지 분들은 저녁이라도 먹고 오라고 하니 기다렸다가 같이 먹잔다. 결국, 밤 11시가 되어도 줄어들 기미가 보이지 않아 다들 지친 몸을 이끌고 숙소에 돌아왔다. 그렇지 않아도 속이 상하던 차에 일행들에게 미안한 마음이 든 그분은 숙소에 남을 테니 식사를 하고 오란다. 그리고 나더러 내일 아침에 일찍 다시 경찰서에 가자 하신다. 좀처럼 화를 가라앉히지 못하고 있는 그분에게 다른 일행 한 명이 쓰린 말을 했다.

"그렇지 않아도 오늘 하루를 다 같이 망쳤는데, 내일 또 전작가를 고생시킬 셈이시냐."

나는 밀라노에 자주 왔으니 괜찮다고 했으나 일이 커지고 말았다. 각자에게는 하루하루가 소중한 이탈리아 여행이지 않은가. 결국 서운함을 느낀 그분은 큰소리로 화를 내며 대거리를 하고 말았다. 급작스레 오고 가는 고성을 진정시키느라 땀을 흘리며 쩔쩔맸다. 그동안 돈독히 잘 지내온 사람 사이에 이 무슨 장면이란 말인가. 각자의 입장이 이해되지 않는 것은 아니나 잊을 수 없는 밀라노의 쓸쓸한 기억을 남겨주었다.

'남자'라는 동물은 사실 단순한 면이 있다. 그리고 본능적으로 강하고, 지혜로워 보이려 한다. 그러나 그것은 어찌 보면 평상시에만 가능한 것이다. 상황이 좋지 않을 때, 예상치 못한 일이 발생했을 때 그 사람의 행동 양상이 그이의 실제 모습이 아닐까 생각한다. 비단 남자에만 국한되는 것은 아니겠지만 말이다.

처음의 이야기로 돌아가면 그래서 커플이라면 험한 여행을 한 번쯤 해보길 권한다. 일상에서의 모습과는 사뭇 다른 모습을 보게 될 일이 분명 있기 마련이다. 그런 상황에서도 슬기롭게 잘 헤쳐

나간다면, 또는 두 사람이 더욱 합심하게 된다면 미래를 이야기해도 되지 않을까 싶다.

　외지에서 당황했을 때의 행동 방식이 둘 사이에 문제가 생겼을 때 대처할 태도와 다르지 않을 것이다. 특히 상점이나 호텔에서 일하는 사람을 대할 때도 따뜻한 사람이길 바란다. 약자를 대하는 방식이 당신과 관계가 좋지 않을 때 하는 바로 그 모습이다. 같은 맥락에서 서른이 넘은 남자가 자신의 어머니에게 하는 태도가 훗날 쉰이 넘은 배우자를 대하는 태도와 다를 바 없다고 생각한다. 그날 밀라노의 그 집시는 아이와 푸짐한 저녁을 먹었을까? 문득 궁금해진다.

Jomsom, Nepal, 2013

포카라
가는 길

대화는 거기에서 끝이 났다.

둘은 더 말하지 않았다.

포카라에서 카트만두까지,

7시간의 거리가 중간에 난 사고로 인해 10시간이 넘게 걸렸다.

산길은 너무나 좁아 앞에서 사고가 나면 차를 치우는 동안

양쪽 차선 모두 어디로도 갈 수가 없다.

다들 아무렇지 않게 길가에 나와 섰다.

그저 쪼그려 앉아 하늘만 보는데 그녀가 말을 걸어왔다.

분명히 본 적이 있다.

산에서 보았다고 하기엔 차림이 그렇지 않다.

마치 어느 휴양지에 사는 느낌.

아. 포카라 가는 길에서도 그녀는 같은 버스를 타고 있었다.

인연이다. 돌아오는 버스를 또 함께 타다니.

친구와 함께 친척 집에 다녀오는 길이라고 했다.

유난히 흰 피부는 네팔 사람의 것이 아니었다.

일본인 어머니와 네팔인 아버지의 만남.

어디서도 보기 힘든 독특한 매력을 지니게 했다.

6일 만에 안나푸르나 베이스캠프에 다녀왔으니

지칠 대로 지쳐 있었고, 어서 맥주나 한잔하고 자려고 들른 곳이다.

그런데 여기서 다시 만나지다니.

아침에 떠난 버스는 밤이 다 돼서야 도착했고,

숙소는 전기가 떨어져 컴컴했다.

근처에 술집이 없어 음악 소리가 크게 나는 집에 들었다.

'뭐 술만 있으면 되니까.'

가게와 어울리지 않게 제법 연주를 잘하는 밴드가 있었고,

듣는 사람은 많지 않았다.

문 앞에서 전화하던 그녀가 눈을 동그랗게 뜨고

시선을 떼지 못한다.

아는 사람일 리가 없는데….

그렇게 한참만에야 서로를 알아보았고

제법 유창한 영어로 대답을 해왔다.

일본에 가본 적이 있다고 했다.

한국에는 왜 안 왔느냐고 물었다.

한국 음식은 먹어본 적이 있고 좋아한다고 했다.

그녀는 뜬금없이 무얼 좋아하느냐고 물었다.

잠깐 고민 끝에 별을 좋아한다 했다.

별을 보여주겠다며 손을 끌고 간 옥상.

불 꺼진 가게가 많으니 시내에서도 별은 촘촘히 박혀 있다.

그리고 대화는 거기에서 끝이 났다.

Paris, France, 2014

비가 오면 생각나는 사람이 있고,

비가 올 때 떠오르는 도시가 있다.

Dubrovnik, Croatia, 2014

어디인지 모를 곳에서 눈을 뜬다.

어디서든 같은 습관.

아침 8시.

동네 한 바퀴.

피렌체의 에스프레소. 시드니 공원의 앵무새.

파리 골목의 빵 가게.

아잔 소리가 이미 잠을 깨운 튀니스.

상파울루의 원숭이. 뉴욕의 경적 소리를 지나면,

이제부터

어긴

우리 동네.

Bangkok, Thailand, 2012

거 빨리 가면 얼마나 빨리 간다고.

비행기나 지하철 같은 곳에서 내릴 때는

맨 처음 나가거나 아예 늦게 나갑니다.

굳이 인파와 함께 가면 꼭 담배 피우는 사람,

밀치는 사람이 있거든요.

그게 싫어서 앞서 나갈 수 없을 땐 아예 천천히 뒤에 갑니다.

공항에서도 어차피 짐 찾으려면 시간 드는데,

굳이 비좁은 비행기 통로에 서서 기다리잖아요.

또 빨리 가려면 역시나 놓치는 것이 많습니다.

서울, 부산을 왕복하는 고속열차를 타고 창밖을 보면서

한국 땅을 다 보았다 말할 수는 없듯이 말입니다.

삶의 통로도 사람이 많은 곳은 붐비기 마련입니다.

빨리 가려다 짐을 두고 올 수도 있고요.

조금 앉았다 가세요.

그래봐야 큰 차이는 없습니다.

Lisboa Portugal 2009

베른보다는 마드리드쯤이 좋겠다.

도수가 높은 셰리를 한잔하고서

술기운을 찔러 넣은 채 기차를 타고

사랑해 마지않는 포르투해변을 지나

리스본에 닿는다.

해 질 녘 시내가 내려다보이는 언덕을 둘러 내려와

파두 가락이 들리는 단출한 가게에 든다.

혁명의 처연함이 음조로 승화하는 장면을 즐기다

소리가 떠난 테이블에 앉아 포르투와인을 따른다.

키가 작고 목이 짧은 잔 가득히

단내 짙은 술을 마주한 채 나누는 농밀한 대화.

영원의 부정도 좋고 사랑의 영속도 좋다.

이야기는 낮게 침잠하라.

돌아오는 기차역, 그 한마디면 된다.

"왜 더 머물지 않는가요."

Firenze, Italia, 2014

여행을 통해, 그리고 사진작가라는 직업을 통해 무수히 많은 사람을 렌즈에 담게 된다. 평범한 사람들, 유명한 배우, 아름다운 모델, 그중에는 미란다 커도 있었다.

하지만 내게 여전히 가장 아름다운 사람으로 기억되는 이는 만화가 이현세 선생님이다. 선생님의 눈빛은 심장이 두근거릴 정도로 아름다웠다. 나이와 상관없이 여전히 청춘의 꿈을 꾸는 사람이었다. 평생을 그렇게 살아왔노라 눈빛으로 표현하고 있었다.

아직 삶에 대한 깊은 철학과 사진작가로서의 확고한 영역은 갖지 못했지만 수많은 방황을 통해 몸의 감각기관과 영혼의 촉수를 예리하게 다듬을 수 있었다. 홀로 긴 시간을 낯선 곳에서 낯선 사람들과 지내며 무엇이든 두 배로 생각하고 두 배로 관찰하게 되었다.

우리는 서로가 서로에게 자극을 줘야 하는 존재들이다.
스스로가 직접 꿈을 꾸고 헤쳐나감으로써 다른 이의 꿈을 북돋워야 한다. 이제 너는 환경이, 시간이 해결해주리라는 막연한 기대만으로 살기에는 그 격차가 너무나 크다.

파리에서의 촬영이 이틀인데 일주일의 일정을 잡았다.

일을 마치면 친구도 만나고 근교에서 시간을 보낼 예정이었다.

전자티켓을 받았는데, 우연히 눈에 들어온 광고.

파리 – 자그레브 구간 160달러.

새로 생긴 저가 항공사의 파격적인 제안이었다.

생에 처음으로 충동구매한 항공티켓.

버나드쇼에게 천국으로 비쳤던 크로아티아에 간다.

어느 곳보다 아드리아해의 진주라 불리는

두브로브니크를 보고 싶었고,

요정의 숲이라는 플리트비체 국립공원을 사진에 담고 싶었다.

짧은 일정에 상당한 거리를 이동해야 했지만 개의치 않았다.

이른 아침 자그레브의 숙소를 나선 뒤

버스로 2시간 30분을 달려 도착한 플리트비체.

나올 때부터 하늘이 잔뜩 흐려 있었다.

청명한 하늘 아래 에메랄드빛의 호수를 담고 싶었는데,

영 그림이 나오지 않았다.

하루를 더 머물 수도 없으니

돌아가는 마지막 버스를 타기로 하고 공원에 들어갔다.

아니나 다를까 준비해 간 점심을 먹고 나니

찌푸린 하늘에서 비를 내렸다.

하아. 출입구까지 돌아가려면 한 시간 정도를 걸어야 하는데….

카메라는 방수커버가 있지만

나는 우산이 없다.

큰마음 먹고 왔는데, 오후 내내 비만 잔뜩 맞았다.

사진도 변변한 것이 한 장 없다.

돌아오는 버스에서 축축한 몸과 마음을 추스른다.

전에는 상황이 뜻대로 안 된다 해서 어디에도 탓하지 않았는데,

언젠가부터 주위를 탓하는 스스로를 본다.

이제껏 환경 탓, 남 탓 안 하고도 잘 왔는데

이제 와서 날씨 탓할 필요 있나 싶었다.

일하는 데 연줄 없어 고생한다 서운해할 필요 있나.

지금까지 가져본 줄이라고는 탯줄이 전부.

하루 나들이를

비 온다고 실망할 거 뭐 있나.

한 번 사는 삶

별로라고 슬퍼할 시간 있겠나 말이다.

Plitvice, Croatia, 2014

Pisa, Italia, 2015

참 독특한 나라다. 갈릴레오 갈릴레이의 피사가 있고 전 세계 명품 브랜드의 산지이면서 레오나르도 다빈치와 미켈란젤로, 산드로 보티첼리에서 안드레아 팔라디오까지 전통과 예술이 현대에도 살아 있는 나라. 첨단기술 또한 발달하여 유수의 슈퍼카, 모터바이크 생산업체가 있다. 사진을 하는 입장에서도 그들의 기술은 익숙하다. 우리가 가장 많이 사용하는 삼각대의 양대 브랜드 모두가 이탈리아 회사다. 프랑스의 기관총 받침대를 만들던 회사를 인수해 1994년 세계 최초로 가볍고 튼튼한 카본 삼각대를 만들어내기도 했다.

영국이 여전히 신사의 나라라는 이미지를 갖고 있는지 모르겠지만, 독일이 모범생의 이미지, 프랑스가 고상한 미대생의 이미지라면 이탈리아는 공부도 잘하고 놀기도 잘 노는 날라리 이미지가 아닐까. 여행으로도 촬영으로도 가장 많이 접한 나라가 이탈리아라 그런지 유독 관심이 갔다. 단지 많이 다녔기 때문만은 아니다. 그들의 활기와 자연스러운 삶의 단면을 가까이서 관찰하게 되면서 더욱 마음이 끌렸다. 전통의 힘을 아주 잘 알고 있고, 그것을 지키는 데에도 능숙한 나라.

역사상 가장 오래된 기업으로 578년 설립된 일본의 '곤고구미'가 꼽히며, 1530년 이전에 설립되어 현재까지 이어져 오는 오래된 기업이 세계적으로 15개 정도 된다. 그중 1000년에 설립된 종만드는 회사 '폰데리아 폴티피시아 마리넬리'를 비롯해 이탈리아 기업만 8개가 포함되어 있다. 물론 오래되었다고 다 좋은 것만은 아닐 테지만. 이탈리아는 건물 하나를 짓는 데 10년이 넘는 경우도 많고 그 건물들은 200년씩 가기가 예사다. 밀라노의 두오모는 무려 건설 기간만 400년에 달하며 그 기간 동안 삶을 마감해 바뀐 책임자가 8명이나 된다. 로마나 피렌체, 베네치아를 비롯해 팔라디오의 도시 비첸차까지 수없이 많은 문화유산으로 점철된 나라다. 도무지 건드릴 수 있는 여지가 남아 있지 않아 현대건축에서 이탈리아의 입지가 좁아지는 원인이 되었다. 반대로 2차 세계대전 당시 문화유산 덕분에 도시 대부분이 연합군의 폭격을 피할 수 있었지만, 밀라노만큼은 그렇지가 못했다. 처참히 무너진 지역을 복원하느라 현대건축이 발달했고, 재건의 경제성장 붐으로 현재에도 금융과 패션의 중심지가 될 수 있었다. 또 건물의 외형은 건드리지 못하게 됐지만, 도리어 제한된 조건에서 실내를 바꾸다 보니 실내건축과 인테리어 디자인이 고도로 발달하게 되었다.

그들의 상황이 무조건 옳다는 것은 아니지만, 과도한 성장이 가져온 부작용이 나라 전체를 뒤덮고 있는 우리의 경우와 비교하여 여러모로 생각할 여지를 주었다. 어디를 가나 편의성과 속도만큼은 한국이 세계 제일이라 해도 과언이 아니니 말이다. 그러다 故 백남준 선생님의 작품이 수명을 다해 모니터가 꺼져가고 있다는 기사를 보았다. 생전 그의 진취적 성향에 맞게 LCD로 교체하거나 그대로 두겠다는 내용이었다. 한국에서 선생님을 어떻게 생각하는지 알만한 대목이다. 책임자라면 마땅히 전 세계에 있는 부품을 최대한 확보해 원래의 모니터를 구현하는 데 최선을 다해야 하는 것이 아닐까. 선생님은 생전에 전담 마스터를 두셨고, 그중 아직 살아계신 이정성 대표의 말에 따르면 수집가들에게 직접 '고장이 날 경우 최고의 부품을 구해다 고쳐라' 하는 편지를 보낼 정도였다고 한다.

Wonju, Korea, 2015

문화유산이 도처에 널린 이탈리아는 어떨까. 피사의 사탑이 계속해서 기울자 이탈리아 일류 기술자들이 모여 중심을 잡는 작업을 해두었고, 이후 정말 쓰러질 위기에 처하자 탑의 하부를 파내는 대대적인 공사를 했다. 이탈리아 정부는 단지 원래의 모습을 유지하기 위해 1990년부터 2001년까지 12년이 걸린 보수작업에 약 2,200만 유로를 썼다. 우리 돈으로 270억이다. 그들이 갖고 있는 돈과 시간에 대한 남다른 철학이 느껴지는 부분이다.

사실 지금 이탈리아는 경제적으로 사정이 좋지 않다. 경제성장은 몇 년째 제자리걸음이며, 방만한 경영으로 위기에 처한 국영기업들, 이른 산업화 덕에 부유한 북부와 상대적으로 부족한 남부의 갈등, 여전히 존재하는 마피아와 탈세, 40%에 육박하는 청년실업률 등이 그 것을 여실히 보여준다. 실제로 보면 집시와 부랑자들도 생각보다 많다. 하지만 그들이 부랑자를 대하는 태도에는 차이가 있다. 그 예로 커피에 관한 이야기를 해보자.

이달리아 사람은 커피를 사랑할 수밖에 없는 역사를 갖고 있다. 나폴리는 1600년대에 이미 커피를 받아들였고, 에스프레소 미신의 첫 개발자 역시 밀라노의 루이지 베제라이다. 1855년 파리 만국박람회에서 선보인 스팀 압력을 이용해 커피를 추출하는 구조가

Milano, Italia, 2015

선보인 후 6년 만의 일이다. 에스프레소라는 말 자체가 이탈리아어로 빠른, 특급을 뜻하는 영어의 익스프레스Express다. 그들의 커피에 대한 사랑과 기술의 발달은 여전히 진행형으로 2015년 5월에는 최초로 우주 정거장에서 사용할 수 있는 에스프레소 머신을 개발했을 정도이다. 이탈리아 사람에게 커피는 삶의 일부와도 같은 것이다.

지금으로부터 100여 년 전, 나폴리의 한 카페에 부랑자가 들어와 "Caffe sospeso. Per favore."라고 말한다. 그리고 바리스타는 갓 내린 커피 한 잔을 내민다. 지금도 세계적으로 몇몇 카페에서 운영하고 있는 서스펜디드 커피의 기원이다. 손님들은 평소 커피를 마실 때 미리 커피 값을 더 지불하고, 돈이 없는 사람들이 커피를 무료로 마실 수 있게 하는 개념이다. 또한 누구나 부담 없이 커피를 마실 수 있도록 카페들은 담합 아닌 담합을 했다. 테이블 자리에 앉지 않고, 바에 서서 먹는 커피의 가격은 이탈리아 전역 어디에서나 2유로를 넘지 않는다. 그들에게 커피는 돈으로 가치를 매기는 개념이 아니다. 부랑지든 우주인이든 모두가 함께 누려야할 문화인 것이다.

현존하는 카페 중 가장 오래되고, 아름다운 카페의 하나로 손꼽히는 베네치아 산 마르코 광장의 카페 플로리안. 1720년대 바이런, 괴테, 루소에서 나폴레옹까지 내로라하는 명사들이 들르던 유서 깊은 카페다. 당시 유일하게 여성의 출입이 가능한 공공 장소였던 탓에 카사노바가 즐겨 찾던 곳으로도 명성을 떨쳤다. 이 카페는 여전히 성업 중이며 고가의 메뉴가 많다. 그렇지만 바 자리에서 마시는 커피 한 잔은 그리 부담스럽지가 않다. 베네치아에 간다면 한번쯤 들러볼 만하다.

이탈리아의 레스토랑에서는 중년의 남성들이 서빙하는 모습을 많이 볼 수 있는데, 오랜 연륜에서 묻어나는 능숙함이 느껴진다. 젊은 날의 아르바이트로 서빙을 하는 우리와는 조금 다른 모습이다. 피렌체의 어느 골목에서 사진을 찍고 있는데, 레스토랑 밖에 나와 잠시 쉬고 있던 한 노년의 남성이 자신의 사진을 한 장 찍어달라며 말을 걸었다. 제법 근사하게 차려입은 신사의 모습을 담고, 궁금한 내용을 몇 가지 물어보았다. 무엇보다 궁금한 것은 이 일을 오래 해도 먹고 살 수 있느냐는 것이다. 그는 31년간 이 일을 했고, 아들 둘을 모두 대학에 보냈다며 자랑스러워했다. 이런 부분을 자랑스레 이야기하는 모습은 우리나 그들이나 비슷했다.

이탈리아는 독일이나 덴마크, 스웨덴 등과 같이 최저임금제도가 없다. 그럼에도 숙련공에 대한 대우가 확실하고 인건비와 창작에 대한 보상이 적절히 이루어지는 덕분에 어떤 일을 하든 그것으로 사람을 판단하는 일이 없다. 특정 국가를 찬양하며 사대할 마음은 없다. 다만 오래된 것의 가치를 알고 보존하는 그들의 자세, 사회적 신뢰를 바탕으로 인간을 인간으로 대하는 분위기, 개인의 자율성을 인정하고 사람을 배경이나 학벌, 직업과 같은 잣대로 평가하지 않는 태도를 본받고 싶을 따름이다. 그것이 개인이건 국가이건 관계없다. 특히나 모방을 싫어하고 각자의 영역을 인정하는 국민성이 르네상스의 발전에 큰 밑거름이 되었다는 부분은 창작에 가까운 일을 하는 사람으로서 늘 염두에 두고 싶다.

#4
바람의 마을

Jomsom, Nepal, 2013

바람의 마을,
마음으로 지은 집

　　KBS〈1박2일〉사진을 오래 한 덕분에 좋은 인연이 닿아 등산복 브랜드와 작업할 일이 있었다. 그러던 중 MBC와 KOICA에서 진행하는 히말라야 북쪽 사면에 방송국을 짓는 프로젝트에까지 참여하게 되었다. 등산복 브랜드에서 후원을 했기 때문에 MBC에서 만드는 다큐멘터리와는 별개로 자신들만의 사진과 글이 필요했던 것. 그래서 MBC 다큐멘터리팀의 네팔행에 합류하게 되었다.

　　2015년 대규모 지진으로 인해 수천 명의 인명 피해가 발생한 바로 그 네팔의 히말라야다. 사실 히말라야는 대부분 네팔의 산으로 잘 알려졌으나 파키스탄부터 인도, 부탄, 티베트까지에 걸쳐 총 연장 2,500km에 달하는 거대한 지구의 등줄기다. 그중 절반에 가까운 고봉이 네팔에 몰려 있어 전 세계 산악인들의 명소가 되었다. 그러나 경제적으로는 발전이 더디고, 사람들은 여전히 순수하다. 그러니 제대로 된 건물이 있을 리 없다. 안타깝게도 자연의 흐름에 따른 지각변동으로 인해 인도-호주판이 유라시아판 아래로 해마다 5cm씩 이동하고 있다.

　　많은 국가와 기업이 다양한 형태로 도움이 필요한 나라를 지원하고 있다. 그중 가장 큰 규모의 나눔이 바로 공적개발원조 (ODA-Official Development Assistance)라고 한다. 공적개발원조 는 쉽게 말해 잘 사는 나라가 어려운 나라의 자립과 발전을 위해 지 원하는 자금으로써 OECD 회원국이라면 모두 의무적으로 참여해야 한다.

　　한국의 정부에서 시행하는 대외 원조 사업은 KOICA를 통해 이루어진다. 물이 귀한 마을에 우물을 만들어주고, 학교와 병원을 건립하는 등 다양한 활동이 진행되고 있다. 하지만 이번 프로젝트 는 상당히 독특했다. 라디오 방송국이라니. 라디오를 듣는다고 굶 주림이 해결되거나 전기가 더 잘 들어오는 건 아닐 텐데 말이다. 실 제로 네팔의 전기수급은 너무나 어렵다. 도시에서도 하루에 3~5시 간, 길 때는 10시간가량 아무런 예고 없이 정전된다.

　　지금 네팔의 모습은 전후, 시대가 급변할 무렵 우리나라의 풍 경과 비슷하다. 영화나 드라마에서처럼 작은 방에 여러 가족이 옹 기종기 모여 라디오를 틀어놓고 귀를 기울인다. 아, 전기는 안 들어 오지만 와이파이는 연결된다. 놀랍게도 그렇다. 외지인들의 요구 에 따라 예전 우리가 사용하던 구리선 전화망을 통해 인터넷이 들 어오는 것이다. 아무튼 네팔은 7, 80년대 한국의 모습과 굉장히 흡

사하다. 그러니 라디오의 보급이 현지인들의 문화생활과 가까이 닿아 있다는 것이 이해가 되었다. 인터넷보다는 라디오를 통해 날씨나, 주요 뉴스부터 바깥세상의 이야기와 음악을 듣는다. 다만 문제는 국가 대부분이 산악지형인 탓에 중앙 주파수가 멀리 갈 수 없어서 지역별 방송국이 상당히 중요하다는 점이다. 그래서 이례적으로 방송국을 건립하게 되었다.

서울 강남대로를 지나가 본 사람이라면 누구나 알 만한 건물이 하나 있다. 구멍이 뿅뿅 뚫린 거대한 벌집 모양의 건물 '어반하이브'. 이곳을 설계한 김인철 교수님이 네팔의 라디오 방송국을 설계하셨다. 당시 강남의 복잡한 건물들 사이에서 강렬한 존재감을 드러낸 건물을 설계한 분이 네팔에는 어떤 건물을 만들고 있는지 궁금한 마음을 안고 우리는 카트만두행 비행기에 올랐다.

근래에 안타까운 소식을 접한 탓에 더욱 아름답게 기억되는 카트만두. 여러 지방이 피해를 보았지만 귀중한 문화재가 무너져 내리는 장면을 보며 가슴도 무너졌다. 네팔의 오랜 문화와 역사를 간직한 곳이면서도 외부인들의 왕래가 끊임없는 곳. 우리가 갈 곳은 히말라야의 북쪽 사면, 좀솜이라는 마을이다. 보통 히말라야 하면 많이 떠올리는 곳이 안나푸르나, 에베레스트일 것이다. 네팔을 동서로 가로지를 뿐만 아니라 서아시아의 북서에서 남동 방향으로 활 모양을 그리며 뻗어 내린다. 안나푸르나로 대표되는 서북지역의 무스탕히말, 에베레스트로 대표되는 동쪽 지역의 랑탕히말 이렇게 두 곳이 네팔 히말라야의 큰 축으로 꼽힌다. 그야말로 진정한 '양대 산맥'인 셈.

카트만두에서 포카라, 다시 포카라에서 비행기를 타야 갈 수 있는 좀솜. 마을은 작지만 히말라야 트래킹의 가장 긴 코스인 안나 푸르나 어라운드를 하기 위해 오는 외국인, 힌두교 성지인 묵티나 트를 방문하는 사람들을 위해 비행기가 다닌다. 비행기라고 해도 20인승의 작고 낡은 비행기가 거대한 산맥 사이를 헤엄쳐 계류장 도 없는 조그만 공항에 불시착하듯 내리는 것이 고작이다. 실제로 워낙 바람이 많이 부는 탓에 오전 11시가 넘으면 착륙할 수가 없 다. 그래서 기상에 따라 비행기의 운항이 때때로 제한된다. 비행시 간은 30분 남짓. 그러나 우리는 무려 3일 만에 그곳에 닿았다. 기상 악화로 매일 네 편 있는 항공이 모두 결항되었고, 아침마다 인력시 장에 나간 인부들처럼 공항 바닥에 앉아 기다리다 돌아오기를 반 복했다. 안전이 중요하고, 자연의 일이라 어쩔 수 없다지만 승객들 은 아침 5시부터 10시까지 이제나저제나 비행기가 뜨기만을 기다 리다 최종적으로 '결항' 확정이 나면 아무렇지도 않다는 듯 돌아가 는 모습이 우리로서는 참 낯설기까지 했다.

어렵사리 건너간 좀솜. 상황을 보니 그들의 연이은 결항이 이

해가 되었다. 해발 2,700m에 있는 공항은 워낙에 계곡이 깊어 심한 경우 시속 80km의 강풍이 몰아친다. 때문에 실제로 한 해에 한 번씩 추락 사고가 일어나는 곳이기도 하다. 낯선 곳에서의 시간은 자연의 흐름에 순응하고 기다림을 배우게 해준다.

비행기에서 내리자마자 닐기리 봉의 위엄이 눈에 들어온다. 7,000m급의 봉우리는 예사고, 8,000m 이상의 다울라기리, 안나푸르나로 둘러싸인 좀솜은 황량하면서도 치명적인 아름다움을 간직하고 있다. 이런 곳에 방송국이라니.

워낙 작업환경이 거칠고 어려워 겨울을 나는 동안은 공사가 멈추기를 반복하던 그런 곳이다. 그 와중에 현지의 인부들이 떠나가서 돌아오지 않은 경우도 있을 정도로 척박하고 힘든 현장이었다. 김인철 교수님은 현지인들이 집을 짓는 방식에서 거친 환경을 견디는 건축의 실마리를 찾았다. 그들은 창을 내지 않은 단단한 돌집을 지어서 바람과 추위를 막는다. 펭귄의 허들링처럼 집들이 서로를 둘러싸 바람이 지나가게 하였다. 해서 교수님은 제주의 돌집처럼 돌을 성글게 쌓아서 바람을 약화시키는 방법을 떠올린 것. 거기에 더해 중앙 정원의 방식을 도입해 내부로 창을 내서 빛을 받아들인다.

Jomsom, Nepal, 2013

Jomsom, Nepal, 2013

"해외에서 건물을 지을 땐 현지 재료와 현지 시공자가 쓸 수 있는 기술만을 이용합니다. 현지 풍토에 맞게 수천 년간 축적해온 지혜를 존중하면서 현대건축 기술을 가미해 새로운 전통을 만들어내는 거죠. 기술적인 지식은 경험에서 얻은 지혜를 넘어서지 못해요."

교수님이 어느 인터뷰에서 하신 말씀이다. 기실 그들은 집 한 채를 100년도 넘도록 대를 이어 사용하고 있었다. 워낙 바람이 많은 곳이라 집 내부 1층에는 가축을 기르고 2층에 사람이 사는 독특한 구조의 집도 그들 고유의 지혜이리라.

처음 현장을 방문했을 때에는 등산브랜드의 촬영이었기 때문에 주변의 마을을 둘러보고 명소 등을 찾아 사진에 담았다. 교수님은 건물의 중간 점검과 다큐멘터리 출연을 겸해 우리와 며칠 간격을 두고 현장에 오셨다. 워낙 들고 나기가 어려운 오지라 일정이 바쁜 교수님은 단 하룻밤을 머물다 가셨고, 그 날 저녁 식사 자리에서 이야기를 나눌 수 있었다. 그러다 건축사진도 하느냐 물으셨다. 건물을 담아본 적은 있지만 전문적으로 해본 적은 없다 말씀드렸는데, 도리어 새로운 시선으로 담아줄 사람을 찾는 중이라고 하셨다. 한국에 돌아오면 포트폴리오를 들고 한번 찾아오라셨다. 금세 마음이 갔다. 여러 번 네팔을 다녔지만 한국의 건축이 그곳에서 쌓아져

올라가는 모습을 지켜보며 관심이 생겼고, 공학을 전공했으니 그 구조와 역학적인 이해는 누구보다 빨랐다. 그리고 무엇보다 건축은 가장 큰 예술의 형태라는 생각을 했다. 단지 감상만을 위한 예술이 아닌 직접 사람이 들어가 살고 경험하는 그러한 예술 말이다.

　　귀국과 동시에 교수님을 찾아뵈었고, 포트폴리오를 보여드렸다. 교수님이 찾는 사진은 자못 어려운 조건이었다. 단지 건물의 입면을 보여주는 것이 아니라 건축가의 의도와 마음이 담긴 사진이었으면 좋겠다고 하셨다. 가져온 사진에 담긴 감성이라면 가능하리라 말씀해주셨다. 기둥이나 창문 하나만으로도 그 건물이 가진 정서를 담아줄 것을 당부하셨다. 즉 형태가 아닌 공간을 담아달라 하신 것. 해본 적은 없지만 해볼 만하겠다 싶었다.

　　김중만 선생님과 첫 촬영을 갔던 때가 떠올랐다. 남해 금산의 보리암. 종일 경내와 주변 풍경을 촬영하고 나오는데, 문득 발걸음을 멈춘 선생님은 문에 달린 문고리를 하염없이 찍고 계셨다. 그저 다른 암자의 문에도 있을 법한 문고리인데 해가 질 때까지 긴 시간 촬영을 했다. 쉬 넘길 만한 장면을 발견하고 기록하는 것 또한 사진가의 자질이다. 그것은 대상에 대한 이해와 공감에 달렸다고 생각했다. 그 한 시간여의 경험이 이후 사진을 하는 자세를 만들어주었다. 얼마나 이해하고 공감하는가에 따라 전문 건축사진가와는 다른 장면을 만들어내리라는 믿음이 있었다. 한국 건축의 수장으로서 다양한 경험을 쌓은 교수님이 아직 어리고 경험이 없는 사진가를 선택하신 데에는 이유가 있으리라.

다행히 건축에 대한 지식은 일천했지만 구조에 대한 공부는 오래 걸리지 않았다. 완공될 때까지 예정보다 늦춰진 탓에 더 오래 기다려야 했지만, 덕분에 다양한 자료를 찾아볼 수 있는 귀한 시간이 되었다. 그리고 다시 찾은 좀솜. 건물은 마치 바위산에 엎드린 순한 들짐승마냥 올라서 있다. 축조되는 과정을 보아와서인지 마치 새 생명의 탄생과도 같은 느낌을 받았다. 워낙에 풍부한 석재를 다양하게 활용한 덕에 주변 환경과 아주 잘 어울려 들었다. 긴 시간 많은 사람의 노력이 들어간 보람을 찾는 순간이었다.

이제부터는 나만의 과제가 기다리고 있다. 교수님은 건축 사진의 중요성을 몇 번 말씀하셨는데, 무엇보다도 건축은 직접 가보지 않으면 볼 수가 없고, 그렇다고 떠다가 이동을 할 수 없으니 사진이 가장 중요하다 하셨다. 적잖은 부담감에 매일 해가 뜨는 시간을 기다려 해가 질 때까지 촬영을 이어갔다. 조명이라 할 것이 없으니 전적으로 해의 움직임에 따라야 했다.

그리고 좀솜에서의 작업은 사진가로서 놀라운 경험을 하게 했다. 건물은 마치 살아 있는 생명체와 같이 시시각각 다른 모습을 보여주었다. 육중한 바위와 같은 대상이 말을 알아듣는 것도, 움직임을 바꾸는 것도 아닌데 찍고 돌아서면 그 표정을 달리한 채 나를 보고 있었다. 비단 해의 움직임에 따른 빛의 변화가 아니었다. 그 시간의 바람, 주변의 그림자, 내부와 외부를 잇는 공간의 경험은 차라리 움직이는 고래를 담는 느낌이었다. 그곳에서 보낸 한 주 간의 시간은 건축에 대한 전혀 다른 생각을 길러냈다. 무엇보다 함께 다니며 건물의 곳곳을 설명해주신 교수님의 덕으로 더욱 빠르게 건물에 다가갈 수 있었다.

한 주 동안 어느 도시를 여행한다 했을 때, 누군가는 너무 길지 않은가 할지 모른다. 더구나 거의 아무런 명소가 없는 도시라면 더 그럴 것이다. 처음 좀솜을 찾아 2주 동안 주변 마을까지 다니며 촬영했던 시간보다도 건물 하나만을 찍는 데 보낸 시간이 더욱 바쁘고 깊었다. 이틀 내내 비가 내려 작업을 할 수 없어 마음 졸이기도 했지만, 하늘이 열리고부터는 해가 뜨기도 전에 건물을 찾아 담고, 한 시도 쉬지 않고 담아도 못내 아쉬울 지경이었다. 사람도 아닌 대상을 그토록 깊이 들여다보며 담아낸 경험은 새로운 시각을 부여했다.

또 한 가지, 사진을 중시한 교수님의 덕으로 과외 아닌 과외를 받아가며 작업을 이어갔다. 교수님은 내가 작업하는 대부분 시간을 함께 보냈음에도 사진을 미리 보자고 하지 않으셨다. 디지털

카메라의 장점은 즉각 확인할 수 있다는 점이다. 모를 리 없는 교수님은 네팔을 떠나는 그 순간까지 한 번도 보자는 말씀을 하지 않으셨다. 그 어떤 것보다도 사진가를 믿어주신 부분에 가장 감사를 드린다.

도리어 당연하다 할 정도로 요즘의 촬영현장은 매우 즉각적이다. 특히 스튜디오 촬영의 경우는 카메라와 컴퓨터를 케이블로 연결하여 촬영되는 컷 하나하나를 담당자가 볼 수 있다. 그러다 보니 때로 사진가의 생각이나 창의성이 발현되지 못하는 경우가 생기기도 한다. 그런데 교수님은 전혀 내색하지 않으시고 내가 하는 대로 두셨다. 물론 그 덕에 부담은 배가 되었다. 한 대상을 그토록 치열하게 찍음으로써 건축이 단지 건물로만 기능하는 것이 아니라 그 안에 들어오는 사람에게 경험을 선사하는 공간이라는 것을 깨달았다.

촬영을 마치고 카트만두 공항으로의 일정도 역시나 쉽지 않았다. 다시 기상이 나빠져 좀솜에 발이 묶인 것. 교수님은 강수를 두셨고, 헬리콥터를 섭외해 마을을 떠나기로 했다. 그 김에 항공촬영도 겸할 수 있었다. 건너온 카트만두 공항에서 교수님은 바로 작업비를 건네셨다. 그동안 사진 일을 해왔지만 이런 경우는 매우 드문 일이다. 교수님의 배려에 감사한 마음으로 후반 작업에 열중할 수 있었다.

일주일 뒤, 인터넷으로 전하고 싶지 않아 직접 사진 파일을 들고 교수님의 사무실로 찾아갔다. 뜻하지 않게 열 명 남짓한 직원분들이 회의실로 모여들었다. 모두가 사진을 기대하고 있었던 것. 열과 성을 다해 촬영하고 가져올 때만 해도 자신 있었는데 전문가들 앞에서 보이려니 발가벗겨지는 기분을 어찌할 수가 없었다. 책을 만드신다기에 컷 수를 넉넉히 골라왔다. 한 장 한 장 넘겨보는 시간이 길게 느껴졌다. 그리고 인사치레인지 정말인지 뜻을 알 수 없는 반응들. 다행히 그간의 건축 사진과는 다른 분위기라 말해주었다. 사진은 좋고 나쁨이 매우 주관적이라 단지 '좋다'는 표현보다는 '다르다'는 표현이 더 반갑다. 그래도 처음 하는 일이고 이전에 찾아본 건축 사진과는 달라 교수님이 어떻게 보실지 알 수가 없었다. 특히나 몇몇 장면은 건축 사진이라 하기 어려울 정도로 건물 자체보다 그 지역의 아름다움에 어떻게 녹아들었는지를 표현하고 있어 더 고민스러웠다.

이런저런 대화를 나누고 자리에서 일어서려는데, 교수님이 누군가를 불러 준비한 뭔가를 가져 오라신다. 조그만 선물을 주시려는 줄 알았다. 직원이 가져온 것은 봉투였다. "사진을 이래저래 많이 쓰기도 하고 책에도 쓸 건데 수고비가 적은 듯해서 넣었네" 하시는 게 아닌가. 촬영 비용을 깎이는 일이야 겪어봤지만 이렇게 더 주시는 경우는 정말 처음이었다. 더구나 처음 받은 만큼을 그대로 더 주셨다.

　　돈의 많고 적음을 떠나 사진이 마음에 들지 않았다면 절대 주지 않으셨을 테다. 어떻게 일을 믿고 맡기는지, 또 더욱 책임감을 갖고 매진하는지를 직접 겪으면서 배우게 되었다. 현장에서 여러 사

람의 노고를 지켜보고 어려운 환경에서 건축을 일으켜 세워내는 과
정을 배운 것은 덤이다. 덕분에 다양한 곳에서 네팔의 방송국 사진
을 요청했고, 전시까지 할 수 있었다. 무엇보다도 스스로 건축에 깊
은 관심이 생겨 이후 다양한 작업을 할 수 있게 한 기초가 되었다.

Jomsom, Nepal, 2013

시린 바람

거친 산속에도

자연은 꽃을 피운다.

인간의 영혼은

육체의 시달림을 달래는

위태로운 손길.

제아무리 빛나는 꽃이어도

볕 들지 않는 하수구의

풀보다 아름다우라는 법은 없다.

Ubud, Indonesia, 2015

구름에 해도 가고 너도 간다.

날이 저무니 두고 온 의식이

저 아래 흘러간다.

네 마음은 가지 말아라.

Jomsom, Nepal, 2013

#5
빛을 보는 새로운 시선

Fez, Morocco, 2014

모로코,
빛을 보는 새로운 시선

　많은 곳을 다니다 보니 묘한 인연을 맺는 도시나 나라가 있다. 방콕이나 바르셀로나가 그렇고, 이탈리아, 네팔이 그렇다. 세계여행 이후로 남미와 아프리카는 그렇지 않다고 생각했었는데, 다시 찾은 모로코가 참 많은 기억을 남기게 해주었다. 지난 여행 때 강도를 만나 위험에 처하기도 했었지만 좋은 친구들을 만나 위안을 얻기도 한 나라 모로코. EBS 〈세계테마기행〉 출연을 계기로 7년 만에 다시 방문하게 되었다. 마침 방송국에서는 사진가라는 이유로 색을 테마로 한 여행을 제안했다. 묘한 인연으로 애정이 생긴 모로코를 나름의 방식으로 소개하고자 한다.

Marrakesh, Morocco, 2014

모로코를 여행하는 것은 빛에 대한 새로운 시각을 요구받는 일이다. 아프리카 대륙에 존재하지만 지중해를 사이에 둔 채 유럽과 마주하고, 뜨거운 사막과 눈 덮인 산이 공존하는 곳. 이주해 온 아랍인과 원주민인 베르베르인이 어우러져 사는 나라. 다양한 빛으로 섬세하게 직조된 모로코는 그야말로 빛의 왕국이다. 환경과 종교 그리고 문화로부터 발원한 빛이 어떻게 발현되는지를 들여다보았다.

Red

모로코의 국기는 붉은 바탕에 녹색의 별이 그려져 있다. 붉은 색은 고대의 조상인 알라위트가의 깃발 색에서 유래됐으며, 순교자 의 피와 왕실을 의미한다. 또한 모로코의 붉은 토양에서 만들어낸 건축 재료는 결국 '아프리카의 붉은 보석'이라는 별명을 붙여주었 다. 특히나 마라케시^{Marrakesh}는 붉은색으로만 건물을 지어야 할 만 큼 색채의 특성이 강한 도시다. 모로코의 옛 수도인 페스^{Fez} 다음으 로 오랜 역사를 자랑하는 마라케시에는 이곳의 심장, 쿠투비아 모 스크가 도시를 가만히 내려다보고 있다. 12세기 말에 건립된 이 모 스크의 첨탑은 높이가 77m나 되어 도시 어디에서나 여행자들에게 방향을 가늠케 하는 지표가 되어준다. 하루 다섯 번, 이슬람교 특유 의 기도 소리 '아잔'이 흘러나오면 신도들은 각자의 위치에서 성지 메카를 향해 기도를 올린다. 특히나 해 질 무렵 들려오는 아잔 소리 는 도시의 정취를 더욱 진하게 한다.

"내부에서 느끼던 생의 밀도와 온기가 눈앞에 펼쳐져 있었 다. 거기에 섰을 때 나 자신이 광장이었다. 나는 언제나 이 광장이 었던 것만 같았다." 1981년 노벨문학상을 받은 엘리야스 카네티는 모로코 여행 에세이 《모로코의 낙타와 성자》에서 마라케시의 제마 엘 프나^{Djemaa el Fna} 광장을 두고 이러한 심상을 읊었다. '축제의 광장'으로 불리는 이곳은 하루 세 번 옷을 갈아입는다. 아침에는 온갖 만물을 파는 시장에서, 낮에는 거리의 공연장으로, 밤에는 활기찬 야시장으로 변신한다. 특히나 한낮의 광장에는 연극을 펼치는 사람, 뱀을 부리거나 불을 삼키는 묘기를 부리는 사람과 재담꾼들을 구경하기 위해 많은 사람이 이곳으로 모여든다. 아프리카의 다른 지역에 비해 자연자원이 풍부한 모로코의 야시장에는 삶은 달팽이부터 낙타고기로 만든 버거, 모로코 고유의 음식 타진 등 각종 음식을 자유롭게 선택할 수 있는 포장마차가 즐비해 있다. 고유의 향이 느껴지면서도 우리 입맛에 잘 맞아 즐거운 체험을 할 수 있다. 물론 이슬람의 율법으로 금지된 돼지고기와 술은 없지만 말이다.

그렇다고 꼭 술을 마실 수 없는 것은 아니다. 카우치서핑으로 여행할 때는 친구들이 준비해준 덕에 어렵지 않게 맥주를 마실 수 있었는데, 그렇지 않으니 구하기가 어려웠다. 중독의 수준은 아니지만 종일 후덥지근한 나라를 돌아다니며 촬영하고 난 뒤 저녁 식사와 함께하는 맥주 한 잔이 그 날의 피로를 풀어주는 것은 사실이니까. 분명 카사블랑카라는 이름의 맥주가 있던 기억이 있는데 도통 찾을 수가 없었다. 신도기 아닌 사람에게 판매하는 것은 불법이 아니다.

'에이. 유난 떨지 말자. 없다고 3주 못 버티겠나' 하던 생각은 채 5일을 못 넘기고 저녁을 먹는 식당마다 동냥하듯 묻기 시작했다. 그러다 어느 집에서 맥주가 있다며 종업원이 다녀가더니, 커피 잔을 두 개 내왔다. 그 안에 정말 감질나는 양의 맥주가 들어 있었 다. 사람들의 눈이 있어 그리한단다. 큰 호텔에는 바가 있지만 방송 팀의 형편으로는 그런 곳에 묵을 리가 없지. 모로코식 민트차로 달 래며 참아보기로 했다.

요즈음은 많이 알려진 숙박의 한 형태인데 2000년대 중반만 해도 우리에게는 생소한 '카우치서핑'을 했다. 말 그대로 카우치 Couch, 즉 소파를 서핑Surfing하는 것을 의미하는 카우치서핑은 전 세 계 여행자들이 자유롭게 생각을 교류하고 숙박비의 부담을 덜어주 기 위해 만들어진 인터넷 커뮤니티다. 당시 모로코에서 머물 때에 나를 재워준 친구를 다시 만났다.

삶의 길이란 정말이지 신기하다. 그때 혼자 여행하면서 가장 힘들었던 것이 '정 주지 않기'였다. 길 위에서 만나는 친구들과 자 꾸만 정을 나누다 보니 헤어짐이 정해진 만남에 지칠 수밖에 없었 고, 궁여지책으로 내놓은 것이 정을 들이지 않는 것이었다. 그마저 도 얼마 가지 못했지만 말이다. 자연의 흐름과도 같이 만남을 소중 히 하되 헤어짐 또한 받아들이는 것으로 마음을 정했지만 한동안 은 쉽지가 않았다. 가장 큰 이유는 그렇게 헤어지고 나면 평생 두 번 다시는 볼 수 없으리라 생각했기 때문이다. 더구나 그게 모로코 와 같은 나라라면 더욱 그렇다.

놀랍게도 당시 나를 형제처럼 맞아준 마루안은 전도유망한 청년 정치가가 되어 있었다. 알고 보니 그의 아버지 또한 모로코의 장관이셨던 것. 길지 않은 시간을 두고 서로의 삶이 이토록 달라진 것이 참 반가웠다. 비단 서로의 변화에만 기뻤던 것은 아니다. 오랜만에 만난 내가 이전에 함께했던 카사블랑카 맥주는 대체 어디에서 구하느냐고 물었다. 대형마트에서 쉽게 구할 수 있었는데 갈 일이 없어 몰랐던 것. 대신 이렇게 만났으니 좋은 곳으로 안내하겠단다. 역시.

　　마라케시 시내를 한참 들어가니 평범한 주거지역이 나온다. 호텔이나 번화가에 가야 있을 줄 알았던 맥주는 조용한 2층 주택에서 팔고 있었다. 문을 열고 들어가니 자욱한 담배 냄새와 요란한 음악이 뭔가 있으리란 암시를 주었다. 점차 주점의 관리가 엄격해져서 프랑스인 주인이 궁여지책으로 만든 바였다. 무엇보다 놀라운 것은 테이블마다 가득 쌓인 맥주병. 일반적으로 우리가 바에서 한두 병의 맥주를 마신다고 하면, 그들은 엄청난 양의 맥주를 소비하고 있었다. 평소 흔하게 접하기 어려우니 한 번 마실 때 많이 마실 수밖에 없다. 나도 그랬다. 덕분에 그간 쌓인 여독과 회포를 일소시킬 수 있었다. 두 번 다시 만나지 못하리라는 생각으로 헤어졌던 친구와의 재회는 그렇듯 여러모로 달콤했다.

Fez, Morocco, 2014

Fez, Morocco, 2014

가장 오래된 도시 페스의 성내 구역 메디나에서는 길을 잃을 수밖에 없다. 9천여 개의 작은 골목에 오랜 전통을 고스란히 간직한 페스에는 바로 500년을 이어온 가죽 염색 공장이 있다. 옛 시가지인 메디나에 있는 가죽공장으로 중세 시대 방식으로 가죽을 생산해 세계 여러 나라로 수출되고 있다. 이미 근처에만 가도 지독한 냄새로 공장이 있는 것을 알 수 있는데, 바로 세척제 역할을 하는 비둘기의 분뇨 때문이다. 그러나 그 품질만큼은 최고를 자부한다. 〈세계테마기행〉에는 보통 교수님이나 현지의 전문가들이 나오기 때문에 젊은 사람이 잘 출연하지는 않는다. 그래서 어쩌다 젊은 출연자가 오면 많은 것을 경험하게 해준다. 그 냄새 구덩이에서의 시간은, 그 어떤 경험과도 견줄 수 없는 인상을 남겼다.

붉은 사막 사하라에 가기 전에 거쳐야 할 곳이 하나 있다. 영화 〈아라비아의 로렌스〉, 〈글래디에이터〉의 배경지로 잘 알려진 아이트 벤 하두Aït Ben Haddou는 11세기에 지어진 카스바Kasbah이자 요새 역할도 겸했던 건축물로, 유네스코 지정 세계문화유산이다. 모로코 남부의 황량한 지역에 우뚝 솟은 이 요새 마을 유적은 모로코 전통 건축의 전형을 보여주기도 한다. 모로코와 알제리, 튀니지에 걸쳐있는 2,000km 길이의 아틀라스 산맥 중턱에 있는 이곳에선 마을 전체가 방어벽으로 둘러싸여 특유의 위풍을 고스란히 느낄 수 있다. 방어벽 안쪽에는 성채이면서 거주가 가능한 건물이 들어서 있는데, 저택과 일반주택, 학교 회당을 비롯해 시장과 외양간 등이 미로처럼 얽혀있다. 그리 크지는 않아도 곳곳에 숨은 다양한 공간을 찾아보며 천천히 마을 꼭대기에 올라가 내려다보는 풍경은 모로코의 자연과 역사를 한눈에 볼 수 있다. 과거 상인들의 거점에서 예술가들에게 영감을 주는 도시로 변모하고 있다.

흔히 '사하라사막'이라 부르는 사하라는 아랍어로 '사막'이라는 뜻이다. 결국 '사하라사막'이라 쓰는 것은 동어반복이겠으나 사막 중의 사막이라는 의미로 해석된다면 꼭 틀린 말은 아니리라. 약 860만km^{2}에 이르는 세계에서 가장 광대하고 가장 건조도가 높은 사막이기 때문이다. 이 사하라가 바로 대서양 연안의 모로코에서 시작해 동쪽의 나일강에서 끝난다. 여정은 사하라의 관문, 에르푸드에서 시작된다. 그 길에 낙타와 함께했다. 마치 모래로 뒤덮인 붉은 바다와도 같은 사하라는 약 1억 년 전 두 번의 빙하기를 거치고 풍화되면서 지금의 모습이 되었다. 낙타를 타는 일이 편안하지는 않으나, 사람의 보폭과 비슷한 낙타의 걷는 속도에 점차 적응되면서 사막 깊은 곳의 드넓은 모래언덕을 둘러볼 수 있는 최고의 선택임을 알게 됐다. 찬란한 달빛 아래 천막을 세우고 모닥불에 둘러앉아 사막의 밤하늘을 바라본 것은 두고두고 잊을 수 없는 장면으로 남을 것 같다.

Sahara, Morocco, 2014

Meknes, Morocco, 2014

Green

　모로코의 국기에서 별의 색으로 나타나는 녹색. 평화와 자연의 상징으로 사용한 색이며 이슬람교에서는 흰색과 함께 종교적으로 가장 신성한 색으로 여긴다. 따라서 사원이나 종교적 의미의 건축에는 두 색을 주로 사용하게 되었다. 우리가 생각하는 황량하고 척박한 아프리카가 아닌 녹색의 대지에 꽃나무가 자라고 폭포가 흐르는 풍부한 자연의 모로코를 만나볼 수 있다. 올리브 나무란 뜻을 가진 계단형 2단 폭포인 오조드 폭포에서 총천연색의 무지개가 빛나고, 너른 초원에 오렌지와 아몬드, 올리브 나무가 자라는 곳. 마치 낙원에 온 듯 그 위를 거니는 양 떼가 여행자를 반겨주었다. 천국의 풍경이 이렇지 않을까!

　무엇보다 놀라운 것은 그들의 오아시스와 관개수로다. 황량한 모래산들 사이로 마을이 있고, 경작지가 있는 모습은 사람들이 물을 중심으로 어떻게 살아왔는지를 한눈에 알 수 있게 한다. 거친 땅에서도 자신의 삶을 일구고 있는 모습에서 우리는 경외를 느끼게 된다. 특히 카스바는 요새이면서 동시에 도시의 역할을 해야 하기 때문에 건물 내부로 물을 끌어와 사용한다. 별다른 동력 없이 위에서 아래로 흐르는 물길을 이리저리 돌려서 각 구역으로 보내는 것이다.

오아시스는 단지 호수나 웅덩이가 아니라 정성껏 일군 물길이며 그 자체로 삶의 터전이다. 이곳에서 사람들은 흙에다 물을 섞어 집을 짓고, 예배당을 만든다. 건너편에는 아몬드 나무에서 대추야자까지 건조한 기후에서도 잘 자라는 농작물을 키운다. 반 고흐의 작품에서나 보던 팝콘처럼 피어난 아몬드 꽃이 흐드러진 장면은 척박한 곳이라기보다 풍요로운 느낌으로 다가오기도 한다. 특히나 모로코의 아르간오일과 올리브오일은 유럽에서도 수입해다 쓸 만큼 품질이 좋다.

다른 국가에 비해 모로코는 북아프리카에 있으면서도 그리스-로마의 침략을 상대적으로 덜 받아 오랜 전통이 많이 남아 있다. 물론 이후의 역사적인 부침을 피할 수는 없었지만 말이다. 특히나 고대의 왕조는 기후가 온화하고 비옥한 땅을 갖춘 메크네스에서 긴 시간 번성했다. 베르베르인의 도시였으나 13세기 중반 마린 왕조가 들어서면서 크게 번성하여 17세기 왕의 수도가 되었다. 술탄 물레이 이스마일은 정력적인 활동으로 다양한 건축활동을 벌였는데, 유럽의 어느 왕조 못지않은 거대한 정원과 마구간을 갖춘 성이 인상적이다.

역설적이게도 로마의 식민지가 되어 당시의 건물이 고스란히 남아 있는 볼루빌리스는 메크네스로부터 불과 30km 거리에 있다. 기원후 3세기경 로마제국 역시 비옥한 녹색의 지역에 자신들의 헬레니즘 문화를 화려하게 꽃피웠다. 4세기 말의 지진이 발생하기 전까지의 일이지만, 여전히 남아 있는 그들의 신전과 포럼 터, 바닥 모자이크와 개선문을 보고 있노라면 훌륭한 건축술에 다시 한 번 감탄하게 된다.

Blue

아프리카 대륙의 국가로는 유일하게 대서양과 지중해에 둘러싸인 나라가 바로 모로코다. 그만큼 바다와의 인연이 깊은 곳으로 전 세계 문화 예술인과 여행자들은 모로코의 바닷가로 몰려들었다. 그중 단연 으뜸은 서부의 에싸우이라Essaouira. 바다를 향해 자리한 고대의 성벽이 도시를 품었고 사람들은 그 안에서 바다에 기댄 채 삶을 영위해 나간다. 휴양지이면서 항구이자 요새였던 이곳은 전설의 기타연주자 지미 헨드릭스의 은신처였고 영화감독 오손 웰스와 리들리 스콧 등 여러 예술인에게 영감을 불어넣어준 장소였다. 성벽에 걸터앉아 갈매기들의 소리를 들으며 파랗게 물든 하늘과 바다를 바라보는 것만으로도 영혼의 깊은 울림이 자연과 조우하는 경험을 할 수 있다. 바다에만 파란빛이 넘실대는 것은 아니다. 모로코의 깊은 산중에는 인간이 만든 아름다운 푸른 물결이 있다.

바로 리프 산맥 중턱의 요새 도시 쉐프샤우엔. 스페인의 박해를 피해 떠나온 무어인들이 포르투갈군에 대항하기 위해 만들어진 곳이 지금의 아름다운 모습을 갖추고 여행자를 맞이해준다. 전통적으로 유대인이 많아 모든 건물이 파란색으로 칠해져 있는데, 안달루시아 특유의 건축양식이 더해져 전혀 새로운 정취를 자아낸다. 보통 푸른 마을 하면 그리스의 산토리니를 떠올리기 쉽다. 산토리니가 관광지를 여행하는 느낌이라면 쉐프샤우엔은 현지의 사람들이 살아가고 있는 곳에 잠시 머물다가는 느낌이 훨씬 강하다. 오랜 시간 이곳은 도시로서 기능하면서 전통과 문화를 고스란히 간직하고 있기 때문이리라. 이곳에서 전통의상 젤라바를 두른 동네 노인들의 산책을 따라다니다 보면 시간의 흐름을 잊은 채 푸른 마을의 물결을 유영하는 자유를 얻게 될 것이다.

"당신의 눈동자에 건배." 한때 전 세계인의 사랑을 받았던 영화 〈카사블랑카〉의 배경이 되었던 카사블랑카. 실제 촬영은 카사블랑카가 아닌 세트장에서 진행되었지만 가장 서구화되고 규모가 큰 모로코를 대표하는 도시이다. 앞서 이야기한 세 가지 빛을 고루 갖춘 카사블랑카에는 세계 3대 규모의 이슬람 사원 하산 2세 모스크가 있어 여행자의 시선을 끈다. "신의 왕좌는 물 위에 있다"는 코란 구절을 따라 대서양에 마주하여 지은 이 이슬람 사원은 동시에 2만 5천 명이 기도를 올릴 수 있는 곳으로 전역의 신도들과 지역 주민이 찾는 명소가 되었다. 오래전부터 베르베르인의 어항으로, 무역 도시로 번성해온 역사를 자랑하는 이곳은 프랑스의 근대 도시계획에 의해 건설된 시가와 항만 근처의 옛 아랍 시가가 흥미로운 대조를 이룬다.

토양으로부터 기인한 붉은 빛이 녹색의 자연과 종교를 아우르고, 푸른 바다에 안겨 있는 곳. 황금빛의 찬란한 역사를 가진 모로코는 그 안에서 살아가는 사람들의 다양성으로 여행자를 단숨에 사로잡는다. 이미 7년 전 세계여행을 하면서도 느꼈던 모로코의 매력은 역시나 자연스럽게 과거와 현재, 그리고 미래가 공존하는 그들의 생활상이었다. 전통과 정체성을 지키면서 누구나 친구로 맞이하는 곳. 다양한 풍경과 사람들의 스펙트럼이 있는 곳. 모로코는 언제까지나 나의 가슴에 찬연한 무지갯빛으로 남을 것이다.

Essaouira, Morocco, 2014

Chefchaouen, Morocco, 2014

Casablanca, Morocco, 2014

달빛이 만들어준 눈부신 조명.

그 안에 북극성과 카시오페이아,

북두칠성과 당신이 들었다.

#6
시대의 기록자

Paengmok, Korea, 2015

시골길을 달리는 버스의 라디오에선
강원도에 눈이 온다는 보도가
시끄럽게 울려나온다.
4월에 눈이라니.
제주에는 우박이 내렸다.

그로부터 1년 전,
아이들은 신나게 재잘거렸을 테다.
무슨 옷을 입을지, 무얼 가져갈지,
열심히 이야기했겠지.

전국에 비가 온다는데,
항구는 유독 푸르렀다.
시리도록 푸르렀다.
꽃이 찬창이었고,
바다는 말이 없었다.

너희는 별이 되어라.
우리가 쉼 없이 기억하도록.
낮에도
너희는 별이 되어라.

시대의
기록자가 될 것

역사적으로 수많은 사진가가 있었다. '찰나의 거장' 앙리 카르티에 브레송이 있고, 내성적인 성격 탓에 인적이 드문 시간에만 촬영했던 '파리의 시인' 으젠느 앗제가 있다. 다큐멘터리 사진의 최고봉이라 할 수 있는 종군 사진가 로버트 카파와 '창세기의 사진가' 세바스티앙 살가두. 인물사진에서 빼놓을 수 없는 리처드 아베돈. 그들을 보면서 생각했다. 분야를 막론하고 위대한 사진가의 공통점은 무엇일까.

그것은 그들이 모두 기록가라는 점이었다. 인물의 특징을 기록하고, 현장을 기록하고, 감정을 기록한다. 그 기록을 통해 세상과 이야기하고 자신의 철학을 내비친다. 사진가라는 직업의 장점이자 단점이라 한다면, 촬영하려는 대상이 있는 공간에 반드시 가야 찍을 수 있다는 것이다. 두 발로 직접 찾아야 한다는 것. 그러면 결국 현장의 분위기에 충분히 동화되고 상황을 판단하게 된다. 그래야 좋은 결과물이 나온다. 인물사진도 마찬가지다. 상대방의 심리와 살아온 과정을 충분히 이해하고 공감한 뒤의 촬영은 결과가 좋을 수밖에 없다.

그래서 스스로 조금은 거창한 소명을 부여했다. '시대의 기록자'가 될 것. 세상을 바꾸려는 혁명가도, 돈을 많이 버는 자산가도 아닌 그저 묵묵히 세상 사람들의 옆에서 그 삶을 기록하는 것이다. 어찌 보면 소극적일지 모르나 쉼 없이 기록하고 그것을 다른 곳의 사람들에게 전하는 메신저의 역할도 중요하다 생각했다. 언론이 할 수 없는 삶의 소소한 감상이나 지구 건너편의 아름다움도 포함해서 말이다. 그래서 늘 손에서 카메라를 놓지 않는다.

아주 얼떨결에 사진을 배우게 했고, 5년 동안 사진을 가르쳐주신 김중만 선생님이 한 인터뷰에서 '수많은 사람이 사진을 배우고 싶어 할 텐데 어떻게 제자를 받으시느냐?'는 질문에 이렇게 답하셨다. "어렵지 않다. 이놈이 무덤까지 카메라를 가져갈 놈인가 아닌가만 파악하면 된다." 그때만 해도 왜 저런 식상한 대답을 하시나 했나. 그렇지만 그건 매우 어려운 일이다. 무덤까지 카메라를 가져간다면 그저 취미로만 끝나지 않을 거라는 이야기다. 사진으로 밥벌이하고, 사진으로 자신을 연마해야 한다는 뜻이다. 특히나 요즘처럼 먹고살기 힘든 때에 사진으로 연명한다는 것은 정말 어려운 일이다. 그래서 스스로를 갈고 닦느라 버티기로 일관하는 중이다. 잘하기 때문에, 강하기 때문에 살아남는 것이 아니라 버텼기 때문에 잘하게 되고 강해지는 것이라 생각한다.

나는 아직 부족한 사진가이다. 시대를 기록하겠다는 과한 사명을 스스로에게 부여했다. 가까운 일상에서 먼 곳까지 언제라도 셔터를 놓지 않았다. 부와 영화도 좋겠지만 무덤까지 가져갈 카메라로는 기록을 남기는 일이 가장 중요한 일이라 생각한다. 앞서가지도, 뒤에서 넋 놓고 보기만 하지도 않으려 한다. 시대의 옆길에 서서 낯선 시간들을 기록하려 한다.

Cinque Terre, Italia, 2014

나이

KBS 〈1박2일〉팀과 함께 전라도 촬영을 갔을 때였다. 전북도립미술관에서 촬영하다, 출연자 모두가 개인 미션을 수행하느라 담당 카메라만 따라붙고 나머지는 미술관에서 대기하는 시간이었다. 생각보다 촬영시간이 길어졌고 결국 저녁까지 출연자들이 돌아오지 못하게 되었다.

마냥 기다리기가 적적해진 조명감독님과 몇 분이 바로 뒤에 절이 있다며 거기나 다녀오자 하셨다. 올라가서 찍을 거리가 있나 해서 따라나섰는데, 제법 큰 암자가 나왔다. 우연히 우리 일행을 발견하신 주지 스님과 넉살 좋은 조명감독님이 잠시 이야기를 나누더니 스님은 우리를 선방으로 들이셨다. 스님은 차에 대한 다도뿐만 아니라 커피를 내리는 일도 능숙했다. 산에 따라 올라온 젊은 사람은 나 혼자여서 우연히 이야기가 흘러왔다.

젊은 친구는 카메라맨인가 보네.

아뇨. 사진을 찍습니다.

아 방송에서 사진도 찍어요?

네. 방송 말미에 스케치처럼 나가기도 하고,

인터넷에 올리거나 다양한 용도로 쓰입니다.

재밌네요. 거 참 묘하게 생기셨어.

아. 그런가요? 나름 개성 있게 생겼다고 생각합니다.

결혼은 하셨고? 올해 나이는 어떻게 돼요?

아직 서른. 총각입니다.

아 서른이에요? 허허 희한하네.

왜 그러시나요?

서른이라 하기에는 스무 살처럼 맑고,

또 마흔 살처럼 깊어 보여서요.

살다 살다 그런 칭찬은 처음 받아보았다. 비단 외모에서만 그런 것이 아니기를 바란다. 내가 하는 사진이 그렇기를 바라고, 나의 삶 전부가 늘 그러기를 소망한다. 세계여행 때 10년 뒤의 나 자신에게 썼던 편지의 바람처럼 그때 가서도 지금의 맑은 생각이 남아 있고, 더 깊은 사람이 되기를 기원한다. 비단 나뿐이겠는가. 우리 삶의 모든 길이 10년 전만큼 푸르고, 10년 후만큼 짙게 뻗어 있기를.

Jeju, Korea, 2013

Jeju, Korea, 2013

Jagreb, Croatia, 2014

게으르다.

게으르기에 많이도 걸었다.

'걷다 보면 나오겠지' 하는 생각으로 걸었다.

지도를 들여다보고, 버스를 찾고,

다시 지도에서 정류장을 찾는 과정도 부지런해야 가능하다.

숱하게 그 과정을 반복하다 보니 귀찮아졌다.

에라. 나가고 보자.

뭐 얼마나 대단한 명소를 찾겠는가.

이미 그 동네 사람들은 다 알고 있다.

물어물어 가다 보니 각기 다른 바닥의 모양도,

사람들의 표정도 타박타박. 눈에 들어온다.

부지런히 걷다 보니 게을러졌다.

Seminyak, Indonesia, 2015

어른

시간이 많은 어른이 되고 싶었다.

돈이 많은 어른이 되라고 했다.

좋은 곳에 다니고 싶었다.

좋은 집에 살라고 했다.

좋은 차를 사라고 했다.

많은 것도 좋은 것도 끝이 없더라.

그저 당신 곁에서

해가 뜨고 지는 모습을 지그시 바라볼 수 있다면

그것이 가장 큰 삶의 수확이겠다.

사진이
가르쳐준 것

최대한 다가갈 것.

망원렌즈가 줄 수 없는 차이가 분명히 있다.

지금에 충실할 것.

두 번은 없다. 산을 오를 때와 내려올 때

날씨는 순식간에 바뀐다.

좋은 장비의 기준

화소 수, 렌즈의 가격과 같은 것은 두 번째 문제.

신속하고 믿음직하다는 것.

나머지는 모두가 사람의 몫.

매일 정리하고 백업할 것.

메모리 카드나 하드디스크의 절대 무결성이란 결코 없다는 것.

그 날 촬영할 양을 정해두지 말 것.

배터리나 메모리를 미리 한정 지어두면

마지막 그 결정적인 한 장을 놓치게 된다.

스스로의 한계도 마찬가지.

쨍한 것보다는 부드러운 것.

과한 것보다는 자연스러운 것.

빠른 것보다는 깊은 것.

이미지보다는 실물.

그리고

사진도 나의 존재도 세상을 따뜻하게 하는 데 사용할 것.

너의 눈에 우주가 들었다.
소년의 내일이 곧 이륙한다.

모두가 그렇다.

Istanbul, Turkey, 2015

조리개

사진에서 조리개는 렌즈를 통해 들어오는 빛을 얼마나 받아들일지 정해주는 장치이다. 조리개 값을 낮출수록 활짝 열려서 렌즈를 투과한 빛이 많이 들어와 필름에 맺히고, 심도가 옅어진다. 우리가 좋은 렌즈를 사려고 하는 이유 중에 하나이며, 흔히 아웃포커스라 부르는 것이 바로 그것이다.

조리개 값이 낮은 경우 초점을 맞춘 대상 외에는 흐려지고, 조리개 값을 높이면 가까운 대상에서 멀리 있는 대상에까지 고루 초점이 맞는다. 주변의 밝기 등 환경에 따라, 또는 의도에 따라 조리개 값을 조절하며 촬영한다. 일반적으로 주제를 부각하기 위해 아웃포커스를 많이 활용하지만, 실제로 대상을 부각하는 데에 빛과 구도만을 이용하여 촬영하는 작가들이 많다.

1932년 미국 풍경 사진의 아버지 안셀 아담스와 에드워드 웨스턴이 만나 결성한 사진가 그룹 F64의 이름에서도 알 수 있다. F64는 장면을 아주 선명하게 담기 위해 가장 높은 조리개 값을 사용한다는 의미였다. 또한 사물의 질감을 최대로 살리겠다는 그들의 의지를 표현하기도 한다. 두 작가의 작품세계는 분명 차이가 있었으나 그들의 사진은 이후 수많은 사진가에게 영향을 미쳤다.

이제 카메라는 어느 정도
다룰 줄 알게 되었다고 생각한다.
앞으로는 더 다양한 값의 삶의 조리개를
열고 닫을 수 있기를 바란다.

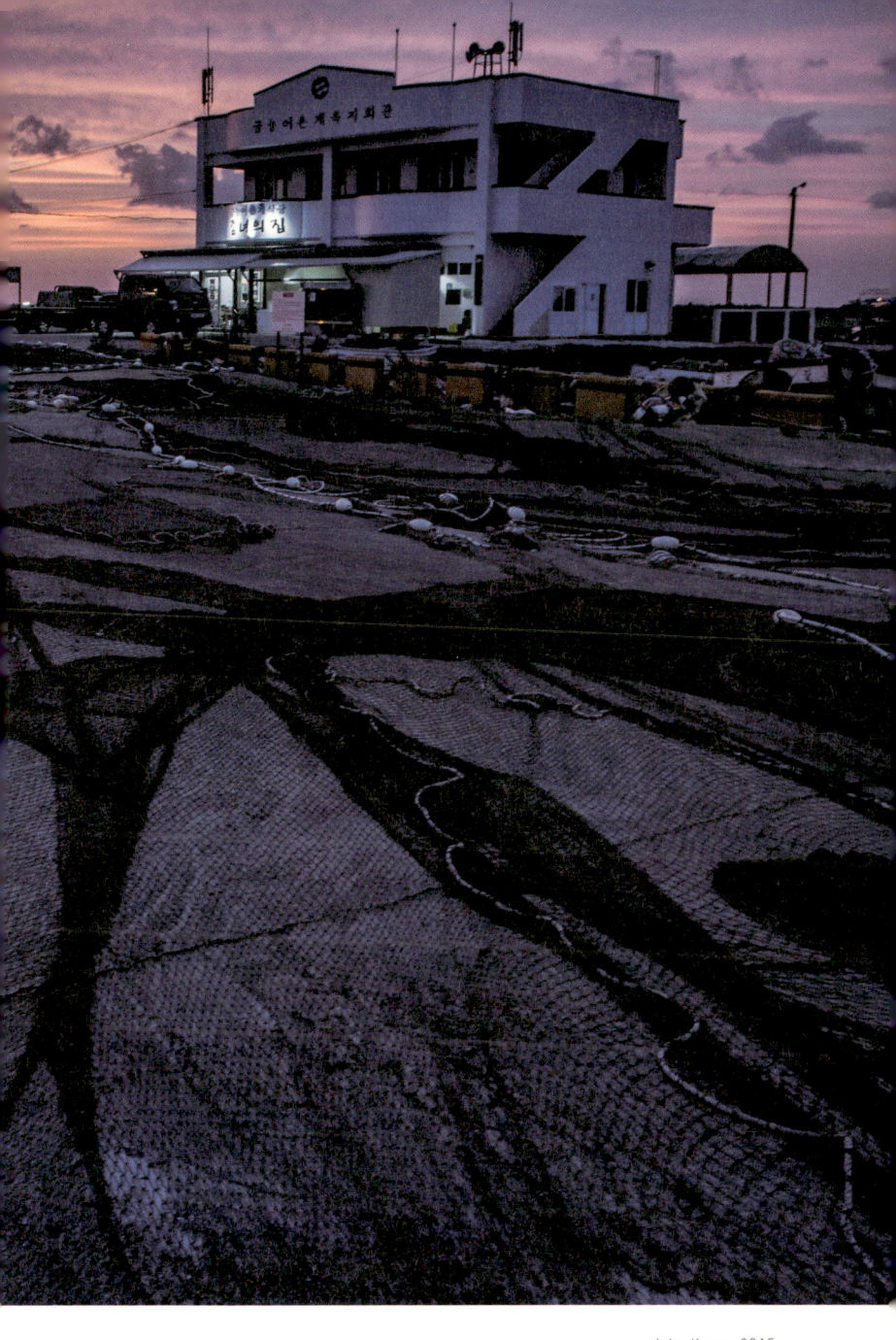

Jeju, Korea, 2015

#7
시인의 당부

Pokhara, Nepal, 2013

시인의
당부

    기형도 시인을 좋아한다. 1980년대 불투명한 오늘만을 살다 너무나 짧은 생을 마감한 청춘. 영원히 젊은 고독 속에 살며 때로는 타자화된 여행자로 모퉁이의 노파, 술집에서 마주친 고양이 등을 길 위에서 중얼거리는 영혼이었다. 자신에의 깊은 애정과 학대에 가까운 자기연민을 동시에 기록하는 그런 시인이었다.

〈엄마 걱정〉

열무 삼십 단을 이고

시장에 간 우리 엄마

안 오시네, 해는 시든지 오래

나는 찬밥처럼 방에 담겨

아무리 천천히 숙제를 해도

엄마 안 오시네, 배추잎 같은 발소리 타박타박

안 들리네, 어둡고 무서워

금간 창 틈으로 고요히 빗소리

빈방에 혼자 엎드려 훌쩍거리던

아주 먼 옛날

지금도 내 눈시울 뜨겁게 하는

그 시절, 내 유년의 윗목

시인은 아버지의 갑작스러운 뇌졸중으로 삶은 빈한해졌고 그로 인해 추억 또한 황량해졌다. 우수한 성적 덕분에 어렵사리 대학을 마치고 기자로서 사회에 발을 디뎠지만 여전히 세상은 추운 밤이었다. 당대의 비극적 세계관을 온몸으로 끌어안듯 그는 종국에 누구보다 빨리 생의 소멸에 가 닿았다.

아주 다행히도 나의 유년은 그렇지 않았다. 결코 부침이 없는 시기는 아니었으나 절대적인 부모의 믿음이 있었다. 어머니는 보수적이면서 개방적이었다. 아마도 그림을 그리다 공학을 공부하겠다 한 것도 엔지니어인 아버지와 보수적이고 애착 강한 어머니의 영향이 분명 작용했을 테다. 홀로 떠난 세계여행을 가장 많이 걱정한 것이 어머니이면서 가장 크게 응원해준 것도 어머니였다. 호기롭게 여행을 마치고 김중만 선생님을 만난 것까지는 좋았다지만 서른이 되도록 변변한 경제활동을 못 할 때나, 스튜디오 독립 후 일이 없어 힘든 시기도 조용히 지켜봐준 어머니였다. 나 스스로는 여행으로, 촬영으로 그토록 온갖 데를 돌아다니면서 정작 부모님과의 여행은 다녀본 적이 없었다. 부모와 자식 간의 여행은 어느 시기를 기점으로 따라간 것과 모시고 간 것 두 갈래로 나뉜다. 아마도 대학 이후 부모님과는 여행을 가본 적이 없었던 것 같다. 즉 한 번도 모시고 가지 않았다는 얘기다. 부모님도 두 분이서 잘 다니시니 서로 굳이 그런 필요를 느끼지 못했나 보다.

동생이 어느 날 명절에 가족여행을 가면 어떻겠나 제안을 했다. 자기가 결혼하면 이제 넷이서 가족여행을 갈 기회는 없어진다며 협박 아닌 협박을 하는 게 아닌가. 처음에는 반대했다. 굳이 사람도 많고 티켓 가격이 두세 배씩 뛰는 명절 연휴에 나가야 하느냐 말이다. 하지만 나를 제외하고는 시간을 내기 어려운 가족들이 동

Seminyak, Indonesia, 2015

시에 맞출 수 있는 때는 별로 없다는 의견이 지배적이라 결국 우리는 여행을 떠났다. 그사이 동생은 여러 곳에서 많은 것을 경험한 덕에 길 위의 시간을 즐길 줄 알았고, 어머니는 몹시도 좋아하셨다. 진작에 모시고 나왔어야 했다.

더구나 사진을 한다는 놈이 제대로 사진 한 번 찍어드리질 못했다. 발리의 아름다운 스미냑 해변을 배경으로 그녀를 세워두고서 추억을 담았다. 작게 보이는 실루엣만으로도 소녀 같은 기쁨이 느껴졌다. 수많은 사람과 여행을 다녀보았지만 누구보다 가족이 편했고, 새로운 여행의 동반자를 알게 된 느낌이었다.

기형도 시인의 경우 부모보다 먼저 떠나는 불효를 하게 되었다. 열무를 이고 돌아오던 그의 어머니는 팔순이 되었다. 그리고 그제야 아들의 시집을 읽게 되었다. 무려 26년 만에 글을 깨우치고 다시 받아든 아들의 시. 시인은 늘 밝고 활기찬 아들이었고, 시대의 슬픔을 어루만지는 글을 쓰는 영혼의 방랑자였다. 아들이 마지막까지 어머니에게 당부했던 것은 부디 글을 깨치시라는 것이라 했다.

누구에게나 각자의 여행이 있고, 각자의 글이 있다. 나이든 부모라해서 예외일 리 없다.

'삶'이란 단어는

태생적으로 아름다움을 내재합니다.

'사람'의 일이 끊임없이 축적되어

'삶'이 됩니다.

모든 일은 사람으로부터 비롯되어

사람으로 종결되니까요.

Kuta, Indonesia, 2015

관상은
없다

　　여행을 하며 쉬지 않고 바뀌는 낯선 곳에서 긴 시간을 혼자 다닐 때는 지금 만나는 사람이 나를 살릴 사람인지, 해할 사람인지 관상만으로 빨리 판단해야 할 필요가 있었다. 그 후 따로 공부하거나 통계를 낸 적은 없지만 사진을 하고, 인물사진의 매력을 알게 되면서 무언가 말로 표현할 수 없는, 사람의 얼굴이 가진 '궤'가 있다는 것을 느꼈다. 비슷한 윤곽을 가진 사람, 비슷한 일부를 가진 사람들 사이에는 성격과 삶의 방향에 알 수 없는 연결고리가 있었다. 수없이 많은 얼굴을 접하면서 더욱 확신이 생겼다.

　　그 궁금증을 떨칠 수가 없어 혼자 어설프게 관상을 공부해봤다. 사람의 얼굴 개개에는 우주 삼라만상이 들어 있고, 부족한 깜냥으로는 공부하면 할수록 더욱 길을 잃었지만 한 가지 확실한 소득은 있었다. '마흔이 넘으면 자신의 외모에 책임을 져야 한다'는 말과 '신수가 훤해졌다'는 말이 결국 같은 의미라는 것이다. 사람들의 얼굴을 오래도록 관찰해보면 그 사람이 평소에 짓는 표정대로 점차 변해간다는 것을 알게 된다. 태어나 일생을 살아가면서 처음 10대 때까지는 부모님으로부터 받은 얼굴 그대로 살아간다. 그리고 10대에 성향이나 자아가 결정되어 20대를 거치면서는 자신의 내면으로부터 밀어낸 얼굴이 올라온다.

인물을 촬영하다 보면 웃고 있든, 슬픈 표정이든 결과가 좋은 사진은 그 사람이 가진 내면의 표정이 드러날 때다. 겉가죽으로 드러난 얼굴이 아닌 안에 있는 바로 그 표정 말이다. 그것은 객관적인 생김새와는 다르다. 외모가 썩 훌륭하지 않아도 그이의 평소 모습이 편안하게 드러난 사진은 그 자체로 명료하여 다른 부가요소가 필요치 않다. 짧은 시간에 상대방의 그런 모습을 찾으려다 보니 촬영 전에 이야기를 많이 하게 된다.

한 주간지와 1년 6개월 정도 인터뷰 사진 작업을 한 적이 있는데, 그때는 정말 행복했다. 평소 쉽게 만날 수 없는 사람들의 진솔한 이야기를 들을 수 있고, 기자가 인터뷰하는 동안 나는 사진을 찍지 않고 얼마든지 인물을 관찰할 수 있었다. 그리고 확신했다. 10대까지 주어진 얼굴로 살다, 20대와 30대를 지나면 자신이 살아온 얼굴로 굳어지게 된다는 것. 대부분 청소년기와 20대를 잘 보내야 한다고 말하지만 얼굴만 놓고 보았을 때는 30대가 가장 중요하다고 생각한다. 그렇게 거쳐온 세월과 마음의 결이 하루하루 쌓여 40대 이후의 얼굴을 만들어낸다고 생각하면 30대만큼 중요한 시기가 없다. 그러니 신수가 훤해졌다는 말은 단지 잘 먹고 잘 살아서, 또는 피부가 좋아져서가 아닌 편안한 마음을 지니고 산 것이 얼굴로 드러났다는 말이다.

잘생긴 얼굴, 부자의 얼굴은 따로 없다고 생각한다. 영화 〈관상〉에서 호랑이상이 뜻을 이루지 못하고, 이리상이 득세를 하는 것도, 현실에서 어울리지 않는 상을 가진 사람이 어느 자리에 있는 것도 삶의 수많은 변수와 만나 그리되었을 것이다. 그러나 맑고 편안한 상, 여유가 깃든 상은 누구나 만들어낼 수 있다. 비록 잘 알지도 못하면서 나이를 가지고 나누었지만 신수가 훤해지는 것은 나이와 관계없지 않을까.

인물사진은 왕도가 없다. 친구들끼리 편안하게 찍는 것도 인물사진이고, 반면에 사진가들이 마지막까지 고민하는 것도 인물사진이다. 하지만 누군가 어떤 사진이 좋은지를 묻는다면 주저 없이 친한 친구가 찍어준 사진이라 하고 싶다. 적어도 나의 경우는 그렇다. 편안하고 나를 잘 아는 사람이 찍어준 사진이야말로 최고의 사진이니 말이다. 삶의 시간이 제아무리 우리를 찌들게 할지라도 가까운 친구 앞에서의 그 자연스러움을 잃지 않기를 바라는 마음으로 살 뿐이다. 그것이 결국 우리의 격을 만들어주니 말이다.

Jomsom, Nepal, 2013

T245→

X

Fez, Morocco, 2014

나는 내 마음의 재단사입니다.

오랜 시간 공들여 치수를 재고

마름질을 거쳐서, 한 땀 한 땀 바느질을 합니다.

상처가 나면 꿰매어 입고,

낡아서 헤지면 또 기워 입습니다.

때로 당신의 마음도 덮어주려면 따뜻해야 하지요.

그렇게 평생을 한 벌의 마음을 짓는 데 씁니다.

두 벌은 없으니까요.

공간은 재회로써 상기되고,

사람은 상실로써 각인된다.

우리의 시간은 바람에 나부끼고,

새로운 시작은 상실에 기대었다.

Jeju, Korea, 2012

가끔 받는 질문.

몇 개 나라나 다녀왔느냐.

궁금할 수 있다.

그런데 문제는 그다음

"제가 아는 어떤 분은 70개가 넘었더라고요."

그건 그분의 삶이다.

하나의 나라를 여행했건 100개 국가를 다녀왔건

모두의 여행은, 각자의 시간은

똑같은 무게만큼 소중하다.

많이 다녔다고 으스대지 말자.

안 가보았다고 쫄지 말자.

그래 봐야 오늘, 그리고 내일이라는 세월을 여행하는데

우왕좌왕하기는 누구나 마찬가지.

Pisa, Italia, 2014

Seoul, Korea, 2012

은행나무

"으 냄새. 도대체 누가 은행나무를 가로수로 심은 거야!"

야간 자율학습을 마치고 나오던 친구는 투덜대기 시작했다. 학교 앞에도, 집 앞에도 유난히 은행나무가 많았다. 가을이면 어김없이 나무에 은행이 열렸고, 길에 떨어져 냄새를 풍겼다. 어두운 길에 은행알이라도 밟을까 겅중거리며 집에 도착하니 그달의 과학잡지가 도착해 있었다. 학습지는 제대로 풀어본 적이 드물지만, 과학동아나 뉴턴 등의 과학잡지라면 온종일 샅샅이 들여다보고는 했다. 마침 은행나무에 대한 이야기를 다루고 있었다. 특정기간의 냄새만 제외하면 가로수로서의 장점이 많았다.

약 3억 5,000만 년 전인 고생대 석탄기 초에 출현하여 가장 오래된 식물의 하나인 은행나무는 그 당시 여러 대륙에 분포했다. 북미와 호주, 시베리아에서도 화석이 발견될 정도로 번성했지만, 지금은 우리나라를 포함한 중국과 일본 등지에서만 자란다. 남미나 스페인 남부에서 오렌지 나무를 가로수로 활용하듯 은행나무 역시 지역 고유의 가로수인 것이다. 과실이 열린다는 점도 있지만 은행나무는 특히 공기정화기능이 탁월하다. 게다가 공해가 심한 도시에서의 자생력이 뛰어나다는 것은 가로수가 되기에 좋은 조건이다.

물론 모든 은행나무에 은행이 열리는 것은 아니다. 한 나무에서 암꽃과 수꽃이 모두 피어나는 다른 나무들과 달리 암수가 나뉘어 있고, 암나무에서만 은행이 열린다. 보통 열매라고 생각하지만 실제로 은행알은 종자라고 해야 맞다. 소나무의 솔방울과 같이 생식기관인 밑씨가 노출된 형태이기 때문이다. 놀랍게도 수나무의 정충에는 동물의 정자와 같이 운동성을 가진 꼬리가 달려있다.

은행에서 냄새가 나는 이유는 둘러싸고 있는 겉껍질의 은행산이라는 성분 때문이다. 맛도 좋고 영양이 풍부한 은행은 쉽게 동물들의 먹이가 된다. 하지만 은행 자체가 씨앗인 그들에게는 치명적이다. 사과나 배처럼 과육이 먹이가 된 다음 씨앗이 배설되는 과정을 거칠 수 없기 때문이다. 먹혀버린다면 번식 자체가 불가능한 것이다. 그래서 동물들이 싫어하는 고약한 냄새를 가짐으로써 종자를 지킬 수 있게 했다. 은행의 입장이 이해가 됐다.

그럼 수나무만 가로수로 심으면 되지 않을까? 더욱 독특하게도 은행나무의 암수 구별은 다 자란 뒤 은행을 맺어야 확인이 가능하다. 보통의 어린나무가 종자를 맺는 데는 20~25년 정도가 걸린다. 그러니 그때는 너무 늦어버리게 되는 것이다.

　눈이 번쩍 뜨였다. 맙소사. 어떤 나무인지도 모르고 20년을 넘게 살아가야 한다니. 만일 내가 그렇다면 어떨까? 성별도 모른 채 어른이 된다면…. 비단 식물에만 해당하는 이야기가 아닐 수 있겠다는 생각이 들었다. 대입에 취업에 매달리고 있던 현실이 생각났다. 과연 스스로가 어떤 사람인지, 어디에 쓰일 재목인지를 알고 달리는 학생은 몇이나 될까? 공부를 잘하면 의대나 법대 등을 선택하는 것이 당연시되고 학교의 특성과 관계없이 배치표가 정하는 대로 원서를 넣는다. 이후에도 우리는 알찬 결실을 위해 전력으로 달린다. 그러나 만약 은행알을 가질 수 없는 나무인데도 그것을 위해 25년을 바친다면? 반대로 은행을 맺을 준비가 되어 있지 않음에도 종자가 생겨버린다면?

　어린나무일 때부터 어떤 나무가 되겠다는 생각보다는 일단 어떤 대학에 가겠다는 것에 목표를 둔다. 그리고 자라보니 은행을 맺을 수 없다는 것을 알게 된다면? 방황할 수밖에 없다. 자신에게 맞는 역할을 찾아 노력을 기울이기까지 기다리다간 도태되고 만다는 생각은 버렸으면 좋겠다. 주위를 보니 너무 일찍 정해버리면 그 안에 갇혀서 옴짝달싹 못 하는 경우를 많이 본다. 성급하게 정하기 전에 천천히 성장의 추이를 지켜보는 것이 오래도록 건강한 과실을 맺는 길일지 모른다.

#8
아름다운 존재

Speyside, Scottland, 2011

위스키
성지여행

　김중만 선생님에게 사진을 배우던 때의 일이다. 한 위스키 회사에서 전 세계의 문화인을 대상으로 해마다 상을 수여하는데, 그 해에 김중만 선생님이 선정되었다. 본사가 있는 영국에서 수상하고 더불어 새로운 위스키 제품의 출시에 맞춰 스코틀랜드 사진전도 열게 되었다. 2주 동안 스코틀랜드의 풍광과 증류소의 모습을 담아 오기로 한 것이다.

　떠나기 전 미리 이런저런 자료를 찾아 위스키에 대한 공부를 시작했다. 연금술의 발달이 가져온 증류 기술이 아일랜드로 건너갔다가 다시 스코틀랜드로 건너간 과정은 흥미로웠다. 당시 과도한 세금을 피해 스코틀랜드의 북부산간 하일랜드지방에 숨어서 부족한 연료를 보충하기 위해 토탄을 사용하고, 내놓고 팔지 못한 탓에 오래 보관하기 위해 쓰고 남은 오크통에 보관한 것이 풍미를 더욱 좋게 만든 것이었다. 그렇게 탄생한 위스키의 매력은 끝이 없었다.

처음 도착한 스코틀랜드의 작은 도시 스페이사이드^{Speyside}에는 다양한 종류의 증류소가 있고, 몇 개의 위스키 회사들이 여러 증류소를 거느리고 있다. 각자의 특색과 환경에 맞게 생산된 위스키를 납품하기도 하고 자체적으로 이름을 붙여 판매하는 곳이다. 특히나 우리가 방문한 첫 번째 증류소인 스트라스아일라^{Strathisla}는 1786년에 세워진 스코틀랜드에서도 가장 오래된 증류소 중 하나다. 독특한 건물의 모양과 아름다운 풍경 덕에 신혼부부의 웨딩사진 촬영지로 쓰일 정도란다.

1823년 하일랜드의 상원의원인 알렉산더 고든이 밀주의 양성화를 위해 새로운 조세안을 제안하고 통과된 덕에 소규모 증류소에서 합법적으로 위스키를 주조할 수 있게 되었다. 이후 기술의 발달로 미국과 다른 지역에서도 연속식 증류를 통한 대량생산이 가능하게 되었지만 과거의 방식 그대로 구리로 만든 단식 증류기를 사용하여 기존의 풍미를 유지한다. 그중 이곳 스트라스아일라 역시 자신들만의 역사와 전통으로 위스키를 생산한다.

인류의 역사와 문화에 술이 차지하는 비중은 생각보다 크다. 어떤 상황에서도 기어코 만들어내고야 마는 애주가들이 전 세계에 살고 있는 덕분인지도 모르겠다. 오죽하면 히말라야 해발 3,000m의 외딴 마을에서도 사과를 가지고 증류주를 만들겠는가 말이다.

술을 만드는 재료는 정말 다양하다. 흔하게 쌀과 포도, 보리나 홉뿐만 아니라 남미의 사탕수수나 아가베, 동유럽의 감자와 자두, 히말라야 지방의 사과나 조 등 모두 각 지역에 맞는 재료와 양조방법을 택하고 있다. 이러한 면에서 볼 때 각 풍토와 문화, 거기에 기술까지를 전부 아우르는 음식 문화의 정수는 바로 술이 아닐까 생각한다. 특히 위스키는 그 지역의 특산품이 전 세계로 뻗어나가면서 나름의 영역을 구축해냈다.

촬영을 떠나오기 전 공부를 하다 알게 된 전설적인 인물, 콜린 스캇은 시바스그룹의 블렌드 마스터다. 무려 30년이 넘도록 로열 살루트와 시바스 리갈의 위스키를 꼼꼼히 관리해 세계 3대 명장의 반열에 들었다. 내심 혹시라도 그를 만날 수 있지 않을까 하는 기대를 하고 있었는데, 놀랍게도 그가 직접 우리를 위해 증류 과정과 숙성 설비를 소개해주었다. 여러 곳을 둘러보던 중 어느 보관창고에서 흥미로운 장면을 목격했다. 커다란 오크통이 줄지어 보관된 창고의 깊숙한 귀퉁이에 감옥과 같은 공간이 있었던 것. 거기에는 영국 특유의 문장이 새겨진 커다란 자물쇠가 채워져 있었다. 그 안에 누워 있는 오크통 세 개. 거기에는 각기 엘리자베스 여왕과 찰스 왕세자, 헨리 왕자의 사인이 적혀 있다. 해마다 그들의 생일에만 개봉하는 귀한 술이었다. 오크통은 주먹만 한 코르크로 막혀 있었고,

나무망치로 주변을 통통통 쳐주니 스스로 솟아올랐다. 코르크에서 퍼지는 향기만으로도 오랜 시간의 깊은 달콤함이 전해졌다. 콜린 스캇은 긴 스포이트로 원액을 꺼내 아주 작은 잔에다 바닥에 깔릴 만큼씩 따라주었다. 그전에 내가 경험해본 위스키라고 해봐야 어쩌다 한 번씩 먹게 되는 맥주에 섞는 용도이거나 그리 긴 시간 숙성되지 않은 그저 '양주'라는 개념의 술이었다. 그래서 머리로는 이해했어도 굳이 찾아서 먹고 싶을 만큼은 아닌 독한 술이라는 생각뿐이었다. 하지만 시간의 힘이라는 것은 모든 면에서 강력한 부분이 있어서 한 잔에 축적된 세월의 맛은 확연히 달랐다. 이것이 위스키로구나, 싶었다. 과하게 목을 긁고 내려가지 않으면서도 입안 가득 퍼지는 풍미. 마시고 난 뒤에도 보리를 굽는 듯 미미한 불냄새가 났다.

기쁨의 시간은 마지막에 절정을 맞이했다. 긴 시간의 설명을 마친 우리의 블렌드 마스터는 넓고 고풍스러운 방으로 안내했다. 커다란 테이블에 줄지어 선 수없이 많은 튤립 모양의 위스키 잔. 글렌케언Glencairn이라 부르는 이 잔은 마시는 사람이 위스키의 향을 충분히 즐길 수 있도록 도와준다. 생산된 지 3년이 된 것부터 50년에 이르기까지 수 십 잔이 놓여 있었다. 전에는 전혀 알 수 없는 각각의 차이를 한 자리에서 아주 쉽게 알 수 있었다. 증류한 횟수에 따라서도 달라지지만 숙성기간의 차이를 더욱 잘 알 수 있게 해준다.

9년, 10년에 이르면서 아직은 거칠지만 안정된 풍미를 내기 시작하고, 15년을 넘어가면서 한 번, 21, 22년을 넘기면서 또 한 번 부드러움을 갖추기 시작한다. 특히나 30년의 숙성에 이르면 깊고 진하면서도 전혀 부담되지 않는 위스키의 세계를 경험할 수 있게 된다. 단지 오래 걸리기 때문에 비싸게 팔리는 것이 아니라 오래 숙성할수록 정확하면서 부드러운 개성을 갖게 되고 그것이 그 술의 진가를 알려주기 때문이리라. 술이 이러할진대 사람이라고 다르겠는가. 단순히 발효주를 끓인다 해서 증류주가 되지 않는 것처럼 나이만 먹는다 해서 어른이라 할 수 없지 않을까.

　　조금만 마셔도 금세 코가 발그레해지는 콜린 스캇을 보면서 여러 생각을 하게 되었다. 술을 즐기기만 하는 것이 아니라 자신만의 철학을 갖고 평생을 함께한다는 것. 그는 미각을 최대로 끌어올리기 위해 담배도 피우지 않고, 자극적인 음식도 먹지 않는다고 했다. 어느 분야든 마찬가지겠지만 한 대상을 오래도록 곁에 두고 지켜보는 것은 참으로 의미가 있다. 요즘처럼 한 치 앞도 예측할 수 없는 때라면 더욱 그렇다. 긴 시간을 소중한 파트너와 함께한다는 것은 그 자체로 위대한 일이다. 특히나 자신의 이름을 걸고 세상에 무언가를 내놓는다는 것은 정성과 부담을 동반하는 일이다. 우리의 시간은 어떻게 숙성되어 가고 있는 걸까.

Speyside, Scottland, 2011

Speyside, Scottland, 2011

Seoul, Korea, 2015

아름다운
존재

오직

당신을 있는 그대로 보는 것.

그것이 삶 전체를 통해

하고 싶은 일.

지금 당신 그대로가 가장 아름답다.

낙담하지 말자.

무언가를 더하려 하지 말자.

빼려고도 하지 말자.

우리는 오직 우리로서만 존재하니까.

Sacheon, Korea, 2012

기록의
의미

　강연으로 인연을 맺은 모 그룹의 인사팀에 한 과장님이 계신다. 회의를 시작으로 이어진 술자리에서 과장님의 이야기를 듣게 되었다.

　아내와 긴 시간 연애를 하셨고 종종 여행을 다녔다고 했다. 그러다 연례행사로 부산영화제를 다니게 되었다. 영화에 깊은 조예가 있는 것은 아니지만 두 분은 거기서 둘만의 추억을 쌓았다. 꼭 대단한 곳이 아니어도, 두 사람이 함께 꾸준히 즐길 수 있는 대상을 여행지로 삼는 것도 참 좋다는 생각이 들었다.

　영화를 보고 바다도 거닐며 이야기를 나누었고, 늘 가던 단골집도 생겼다. 부산의 평범한 국밥집에는 다른 인테리어가 아니라 다녀간 사람들의 낙서가 벽을 빼곡히 장식하고 있었다. 처음 여행 온 뒤로 남긴 두 분의 기록이 점차 다른 글씨에 가려 찾기 어려워질 무렵, 두 분은 결혼을 했다. 결혼하고도 그때의 추억을 잊을 수 없어 시간을 내서 찾아간다는 부산영화제, 그리고 국밥집.

아이가 태어났고, 아직 어린 아기였지만 두 분은 부산행을 결심한다. 이번엔 둘이 아니라 셋이서. 어김없이 국밥집에 찾아가 새로운 구성원이 생겼음을 기록하려는 차에 두 분은 크게 실망하고 만다.

두 분이 찾아온 10년 넘도록 그대로 있던 국밥집이 내부 인테리어를 새로 한 것. 두 분의 기록은 간데없고, 새하얀 벽만 바라보며 아쉬움 가득한 국밥을 드셨단다. 사진을 찍어둔 것도 아니고, 아직 어리지만 아이를 데려와 자랑하고 싶었을 두 분의 실망감이 얼마나 컸을까. 이젠 그만 적자 하셨단다. 그리고 서울에 돌아오는 길. 두 사람은 새로운 다짐을 하게 된다.

'이렇게 된 김에 아이가 자라면 깐느에 가자!'

오늘의 실망은 때로 더 큰 미래를 그리게 한다.

시현이 가족의 깐느행 꿈을 응원하고 싶다.

Canne, France, 2009

간상세포

한때 인터넷을 뜨겁게 달군 사진 한 장이 있었다. 사진 속 여성이 입은 드레스가 검은색과 파란색인지 금색과 흰색 드레스인지에 대한 논란 때문이었다. 포토샵으로 유명한 어도비사에서 직접 디지털로 분석하여 그 결과를 발표했고, 의료계에서도 과학적인 분석을 내놓기까지 했다.

우리 눈의 망막에는 원추세포와 간상세포가 있다. 원추세포는 시신경 위쪽, 황반이라는 곳의 중심부에 밀집되어 있으며, 0.1Lux 이상의 밝은 빛을 감지한다. 주로 낮에 색과 명암을 구분하는 역할을 한다. 간상세포는 황반의 주위에 넓게 퍼져 있으며, 0.1Lux 이하의 어두운 빛을 감지한다. 주로 어두울 때 형태를 구분하는 기능을 한다. 바로 이 두 세포의 활동성에 따라 드레스의 색이 다르게 보였던 것이다.

결론은 검은색과 파란색 드레스가 맞았다. 마치 답을 맞힌 사람은 정상이고, 틀린 사람은 색맹이라도 되는 양 또다시 농담을 나누기도 했다. 흰색과 금색으로 봤던 이들은 원추세포의 기능이 떨어진다고 서운해하기도 했다. 하지만 꼭 그런 것만은 아니다. 이 사진은 매우 특이한(우연히 두 세포의 활동영역 경계에서 찍힌) 경우였고, 사실 일상에는 아무런 지장이 없다. 게다가 빛이 적은 상태에서는 흰색과 금색으로 본 사람이 형태를 더 잘 인지하게 된다.

개인적으로 간상세포가 더 낭만적이라 생각한다. 어둑한 밤길을 홀로 갈 때도, 밤하늘의 별을 셀 때도 간상세포의 도움으로 더 잘 볼 수 있다. 그냥 별빛을 보는 것보다 곁눈질로 보면 더 잘 보이는 것도 같은 이치다. 캄캄한 곳에서 벽에 걸린 시계를 보려고 애를 쓸 때 정면으로 응시하지 않고 시계의 주변부로 시선을 돌리면 더 잘 볼 수 있다. 우리의 몸도 각기 잘하는 영역이 있고, 해석하기에 따라 더욱 아름다운 세상을 만나게 해준다.

모두가 잠든 이 시간.

누군가는 소리 없이 찬란한 별빛을 다듬고 있겠지.

밤에는 장미가 피었고,

잠을 깬 새가 울었다.

나도 울었다.

Seoul, Korea, 2013

해가 진다.

그대 오늘만큼의 빛을 전부 내려주고,

이제 간다.

Jeju, Korea, 2014

#9
의외의 정의

Manarola, Italia, 2015

의외의
정의

　　길다면 긴 시간이고, 짧다면 짧은 1년이라는 시간을 오롯이
길에서 보냈다. 정말 많은 사람을 만났고, 다양한 경험을 할 수 있었
다. 그렇지만 처음 떠나올 때의 생각이었던 앞으로 무엇을 하고 살
지에 대한 답은 찾지 못했다. 대신 그저 흘러가는 대로가 아닌 조금
더 주체적으로 삶의 길을 찾아야겠다는 생각은 더욱 확고해졌다.

　　세상 어디나 삶은 어려운 것이면서 감사한 것이었다. 부자에
게도 가난한 사람에게도 똑같은 만큼의 빛이 비치지만 결국 우리
모두의 삶은 다 녹록지 않은 것이라는 걸 깨달았다. 그렇지만 그 안
에서 더욱 알게 된 것은 바로 '의외의 정의'이다. 어릴 때나 정의를
믿었지 나이가 들면서는 도리어 세상은 그다지 정의롭지 않은 곳
이라는 걸 알아가는 과정이었다. 그렇지만 사람 사이의 조그만 정
에서부터, 사회가 갖는 인간에 대한 기본적인 존중까지. 다양한 곳
에서 '의외의 정의'를 마주했다.

캠핑에서 호텔까지 다양한 숙박의 형태가 있지만, 가난한 여행자 시절에는 다른 방법을 찾았었다. 남는 공간에 여행자를 재워주고, 문화를 교류한다는 목적의 카우치서핑을 이용했다. 에어비앤비 등 여러 형태가 있지만 당시에는 지극히 무료 숙박이라는 점 때문에 시작하게 되었다. 누군가는 자신의 집 열쇠를 주며 언제든지 드나들어도 좋다는 사람이 있는가 하면, 반대로 자신이 출근할 때에 같이 나가야 하고 퇴근 후에나 들어올 수 있는 곳도 있었다. 그정도 불편은 감수하면 된다 생각했다. 다락 위에서 쥐들이 돌아다니는 소리를 들어가며 자야 하는 곳도 있지만, 수영장이 딸린 저택에 나만의 방이 있고, 응접실에는 언제나 가정부가 필요한 음식을 해주는 곳도 있었다. 그러면서 더 많은 숙소를 찾았고, 무료 숙박이 아닌 다양한 사고를 하는 사람들의 이야기를 생생하게 들을 수 있는 가장 좋은 기회가 되었다. 와인을 한 병 사 온다거나 정체불명의 한국 음식을 해주며 그들과 더욱 가까워질 수 있었다. 아무리 문화와 환경이 다르고 언어가 달라도 사람이 있다면 그 안에는 반드시 정이 있었다. 온몸으로 느끼면서 더욱 잘 이해할 수 있었다. 이것이 어찌 보면 인류 보편의 '정'이라는 것을 알게 되었다.

나아가 사회 또한 마찬가지이다. 최근 미국과의 국교 정상화 조짐을 보이는 쿠바가 잘 보여준다. 우리에게는 공산주의와 체 게

바라의 상징인 쿠바. 시가와 럼, 아름다운 음악과 야구 등의 이미지를 가진 쿠바다. 1950년대의 자동차들이 돌아다니고 배급을 받는 가난한 나라라 알고 있지만, 실제 그들은 의료복지 선진국이다. 아바나 시내에서 우연히 만난 현지인과 가까워져서 그 친구의 집에 가본 적이 있다. "덥지?"하며 틀어준 선풍기에는 하나만 남은 날개가 간신히 돌아가 바람이 나오는지도 알 수 없는 그런 열악한 집이었다. 그러다 이야기하던 친구는 자랑스레 배급표를 보여주었다. 빵이 몇 개, 설탕이 얼마큼. 그날 아침에도 보았던 줄을 서서 배급을 받아가는 사람들의 모습이 떠올랐다. 뒷면을 보니 병원과 치과 등에서 진료를 받는 칸도 있었다. 안타까웠다. 사람이 많이 아플 수도, 적게 아플 수도 있는데, 이런 것까지 배급을 받아야 한다니. 그렇지만 그 걱정은 무지에서 비롯된 것이었다.

쿠바가 어떤 나라인가? 체 게바라로 상징되는 곳이다. 그는 의학도였고, 쿠바에서 상공부 장관을 맡기도 했다. 어떠한 일이 있어도 국민이 아파서는 안 된다고 여긴 그는 모든 마을에 주치의를 파견하기로 한다. 우리에게는 드라마에서나 볼 수 있는 주치의를 그들은 모든 마을 구성원이 가지고 있는 것이다. 배급표에 있는 병원 칸은 아프든 아프지 않든 자신의 마을 의사에게 면담한 것을 표시하는 칸이었다. 그 사람이 갑자기 쓰러진다거나 아플 때, 주치의는 그의 건강상태와 병력을 소상히 알고 있으므로 1차 기관으로서의 역할을 충분히 할 수 있다. 덕분에 쿠바는 평균 기대수명 78세, 유아 1,000명당 사망률 4.76명으로 세계적인 수치를 이루었다. 이는 미국, 캐나다의 기대수명을 앞서는 것이며, 유아 사망률, 소아마비 근절에서도 선진국 어느 나라 못지않은 수준이다. 이것이 쿠바에서 만난 '의외의 정의'였다.

정과 정의 덕분에 무사히 홀로 하는 1년의 세계여행을 마치고 돌아온 뒤 생각했다. 우리는 이 감사한 지구에 태어난 것만으로도 이미 존재의 의미를 얻었으며, 서로의 존엄을 지키는 방향으로 나아가야 한다는 것을. 그것은 문화도, 기술도, 경제도 마찬가지일 것이다.

Alpes, Switzerland, 2010

Bohol, Pilippines, 2015

프레임

관점과 방향이라는 것이 참 중요하다.

물속을 자세히 들여다보고 그 안에서 호흡하는 것과

해안에서 바다를 보는 것 사이에는

어쩔 수 없는 차이가 존재하는 법.

광각렌즈의 시야와 망원렌즈의 시야는 다를 수밖에 없다.

두 사진 중 하나를 틀렸다 할 수 있겠는가.

아무리 잘 알고 전문분야라 해도

자칫 프레임에 갇히는 순간, 꼰대가 되고 만다.

이탈리아의 오랜 패션박람회 가운데,

피티 이마지네 우오모라는 행사가 있다.

아무리 멋을 낸다 해도 그 안에 자기만의 생각이 없으면

결코 와 닿지 않는다.

관계자들을 만나며 인터뷰를 했던 적이 있다.

세계적인 남성복 디자이너부터,

피렌체의 시내에서 장을 보고 돌아오는 평범한 할아버지까지.

놀랍게도 그들에게는 간단하지만

각자의 삶과 철학이 배어 있는 스타일에 대한 정의가 있었다.

내 아버지의 아버지가 물려준 거의 유일한 것.

집에서 나오기 5분 전에 결정되는 나 자신.

언제나 지니고 다니는 내면의 거울.

때로 소박하지만 소신 있는

그러한 삶의 태도가 옷차림보다 더욱 멋지게 보였다.

Milano, Italia, 2013

지루하고 반복적이어도
매일의 정성스러운 발걸음이
저 위로 올려보낸다.

정상은 중요치 않다
정성 그 자체에 모든 것이 들었다.

Seoul, Korea, 2014

Firenze, Italia, 2014

건축이란 참 흥미로운 예술이다.

가장 큰 규모의 예술이면서

예술이라 하기에는 또 너무 편차가 크다.

그렇지만 우리는 그것이 예술의 대상이든 수익의 대상이든

그 안에 들어가 산다.

음악, 미술, 디자인 그 어느 것보다도 밀접하게 얽혀 있다.

어느 건축가가 학생들을 대상으로 실험을 했다.

자유롭게 집을 그려보라 했다.

우리도 해보자. 그저 편하게 이 책의 한 켠에 낙서하듯 해도 좋다.

당연하게도 전부라 해도 좋을 만큼 아이들은 지붕을 먼저 그렸다.

실제로 건물을 지을 때 어느 누가 지붕을 먼저 띄우겠는가.

문을 내지도 않고 창문부터 만들겠는가.

세상에는 해보기 전에는, 가보기 전에는

우리 생각과 다른 것이 의외로 많다.

삶의 여정도 마찬가지다.

사람도 만나보지 않고는 도무지 알 수 없는 것들이 더 많다.

안 되는 걸 미련하게 붙잡는 것도 문제겠지만

미련만 두고 살아가는 것은 더 문제다.

Firenze, Italia, 2014

무엇이든 하다 보면

더 매끄럽게 잘 하게 되는데,

여행도 오래하니 좀 더 깊게 즐길 수 있게 되는데,

왜 나이가 들수록

멋진 어른이 되는 것은 여전히 어려울까.

낯선 조류

세상의 또 다른 면을 보려고 바다로 향했다. 제아무리 많은 곳을 여행했다 한들 지구의 71%는 버려두고 있었다. 물속의 세상은 바깥과는 완전히 다른 곳이었다. 바다 위의 부서지는 파도에서 서핑을 했고, 그 안에 들어가 바다 생물들을 만났다. 이런 낯선 곳이 있는 줄 그전에는 몰랐다. 이집트의 홍해, 아프리카 동부 연안, 필리핀의 보홀. 지구는 자신의 아름다운 속살을 곳곳에 숨겨두었다.

늘 느림보라 생각했던 거북이를 바다에서 만났다. 그곳에서 거북이는 날고 있었다. 정신없이 해초를 뜯다가는 저 깊은 심연으로 유유히 날아갔다. 헤엄이라는 말보다 날아다닌다는 말이 어울릴 정도로 그 안에서 거북이는 빠르게 움직였다. 우리의 시선으로 보았을 때나 느려 보였지, 자신의 세상에 있는 거북이는 누구보다 자유로웠다. 뜻대로 되지 않는 것이 세상일이다. 더구나 나약한 미생들에게는 실력이나 속도보다도 무너진 마음을 서둘러 추스를 멘탈 재건 능력이 더욱 절실한 때다. 세상이 어떻게 보든, 나만의 바다를 가슴에 두고 싶다. 그 안의 낯선 조류를 타고 유영하는 꿈을 꾼다.

인생의 파도를 넘는 데에는 생각보다 많은 것이 필요치 않으니까.

Bohol, Pilippines. 2015

Gorge du Todra, Morocco, 2014

고독의 시간은 길 위에 있고,
환희의 순간은 당신 안에 있다.

#10
파종

Kuta, Indonesia, 2015

제법 많은 강연을 다녔다. 보통은 기업의 사진 수업이나 대학
생의 꿈과 진로에 관한 주제다. 처음 고등학생에게 강연을 해달라
는 요청을 받았을 때 참 난감했다. 더구나 남자고등학교라니. 나 역
시 남고를 나왔으니 그들의 반응을 충분히 예상할 수 있었다. 세계
여행? 꿈? 이런 게 과연 그들의 귀에 들어올까? 아무도 관심 두지
않고 다들 졸 것 같았다.

다행히 예상은 빗나갔고 짧지 않은 시간 동안 아이들은 관심
을 가져주었다. 도리어 질문의 내용은 대학생들의 고민 그 이상이
었다. 어느 정도 현실적인 질문을 던지는 것이 대학생이라면, 고등
학생의 경우 진지하고 철학적인 질문을 하거나, 좀 더 자유로운 고
민을 물어온다. 물론 얼토당토않은 질문도 많지만 말이다.

늘 비슷하게 시작한다. 음악 하는 사람은 자신의 음악으로, 건축하는 사람은 자신의 건물로 스스로를 소개하듯, 나는 사진을 하니 나의 사진으로 소개를 대신한다. KBS 〈1박2일〉 때 사진을 비롯해 건축, 인물 등 다양한 사진을 보여준다. 그리고 묻는다.

"나는 사진가이므로 사진으로 소개했어요. 그러면 여러분은 학생이잖아요? 학생은 뭘로 소개하면 좋을까?" 십중팔구. 바로 따라오는 대답은 "성적이요~", "점수요~", "생활기록부?" 정도다.

물론 틀렸다. 사진가는 직업이다. 그리고 학생은 신분이다. 여기서 선택의 차이가 생긴다. 사진을 할지, 그림을 그릴지, 회사에 갈지는 선택할 수 있다. 그러나 고등학생이 힘들다고 중학교로 돌아간다거나, 어서 대학생이 되고 싶다고 해서 할 수 있는 것이 아니다.

직업인으로서 자신의 업무를 잘하고 못하는 것은 차이를 드러낼 수 있으나, 학생의 신분으로서 특정 기능 중 하나인 학업을 잘하고 못하는 것으로 절대 사람을 평가해서는 안 된다는 것이다. 물론 대입 시험 등의 경우는 이야기가 달라지겠으나, 그것을 학생 스스로 소개하는 데에 쓴다는 것은 어불성설이다.

공부 못해도 된다는 속 편한 이야기를 하려는 것이 아니다. 한국사회에서 공부를 잘 하는 것은 여러 면에서 유리하다. 이후 본인이 하고 싶은 것을 하는 데에도 유용하게 작용을 한다. 다만 스스로를 공부라는 기능에 옭아매지 말았으면 하는 것이다.

"쟤는 78점짜리 ○○○이야", "얘는 93점짜리 △△△이야"
할 수는 없는 노릇 아닌가.

아이들이 당장은 공부를 잘 해야 한다는 압박을 받을지 모르
겠으나 그보다는 다른 것으로 스스로를 설명하기 바랐다. "얘는 컴
퓨터를 잘 다루는 애야." "얘는 가수가 꿈인 애야." 이렇게 소개하
는 것이 더욱 그 또래답다고 생각한다. 그리고 그때에 꼭 무언가 미
칠 것이 있다면 더욱 좋다. 꼭 꿈을 찾으라는 이야기가 아니다. 그
당시에 어디에든 한 번 몰두해본 경험은 훗날 자신의 항로를 정하
는 데 큰 영향을 미친다.

이런 이야기를 과연 아이들이 알아들을까 하는 우려도 잠시,
강연을 마치고 책에다 사인을 해주는데, 둘러싼 학생들 사이로 조
그만 손이 천천히 들어왔다. '손에다 해달라는 얘긴가?' 하고 고개
를 들어보니, 아이는 울고 있었다. 느닷없는 눈물에 당황해서 물어
보았다.

자기가 꼭 듣고 싶었던 말인데, 어른 중에 아무도 그런 이야
기를 해준 적이 없었단다. 그게 고마워서 자꾸만 눈물이 났다는 말
을 해주었다. 말없이 아이의 등을 쓰다듬었다. 도리어 내가 더 고마
웠다.

아직 나 역시 어른이 되기에는 많이 부족한 존재다. 하지만 수백의 아이 중 다만 한 명이라도 공감해주고 이해한다면, 전국 어디든 그 초롱초롱한 눈빛을 만나기 위해 버스를 탈 테다. 후배 세대의 가슴에 조그만 씨앗 뿌리기야말로 수많은 발걸음 중에 가장 소중한 걸음이다.

Manarola, Italia, 2015

의례히 우리는 빛의 밝음만을 보게 된다.

그림자의 존재를 의외로 쉽게 잊고 산다.

설령 알고 있다 해도

마치 그것을 분리할 수 있다는 착각에 빠지기 쉽다.

더 밝은 곳을 향해 가려면

더 짙은 그림자를 끌고 가야 하는 것이 이치다.

그러나 맞지 않는 신발에 발을 억지로 구겨 넣은 것처럼

그림자에 질질 끌려가는 경우도 있다.

정면으로 빛을 마주하자.

그림자는 항상 내 뒤를 따를 것이니.

어느 정류장. 아이가 게임을 하다 화면에 fail이란 단어가 떴다.

아이는 입가에 미소를 지었다. 지켜보던 아버지가 물었다.

그게 좋아?

응.

무슨 뜻인지 아니?

응. 알아. 다시 하라는 뜻이잖아.

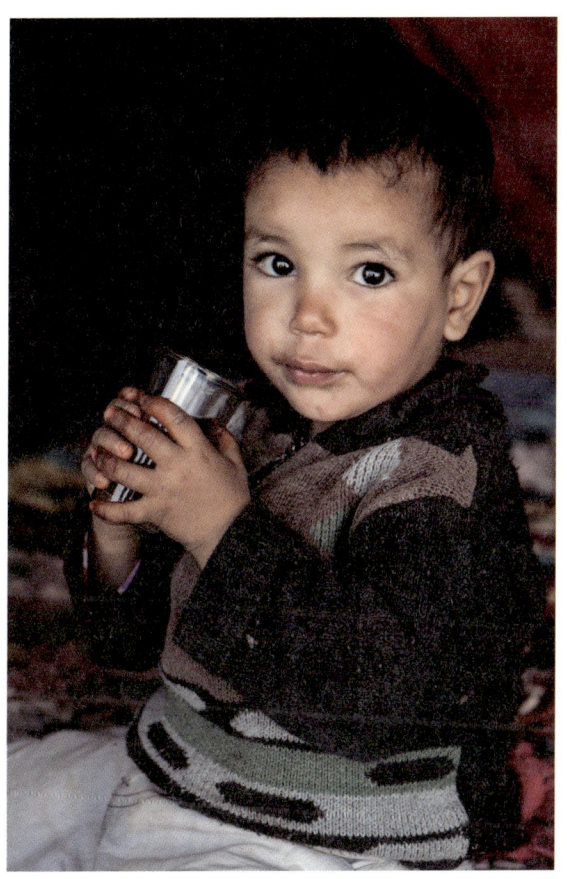

Sahara, Morocco, 2014

어느 가을,

씨 뿌려둔 그대 꿈이 어느만큼 자라 있기를.

Gyeonggi, Korea, 2014

Seoul, Korea, 2015

거기! 무슨 일이야?

물설고 낯설은 곳 아니어도

늘 궁금하고 생경한

나의 도시.

그래서 더욱 매력적인 곳.

안정을 추구하는 것은 인간의 본성.

호기심을 채우려는 것도 인간의 본능.

두 무게추의 균형을 맞추는 것이 우리의 삶.

백수의
왕

바쁜 일상. 1분 1초를 아껴가며 열심히 일합니다.

여행 가서도 평소대로 분초를 다투며 전투적으로 다니는 분들이

있더군요. 물론 어렵게 여행을 떠났으니

충분히 많은 곳을 보고 싶으실 겁니다.

하지만 진심으로 그곳에 가고 싶었던 건가요?

남들 가니까 관심 없는 분야임에도 불구하고 일정에 무리하게

끼워 넣은 적은 없었나요?

그럴 바엔 그 시간을 가까운 근교에서 좋은 사람과

여유롭게 보내는 게 남는 거라 생각합니다.

여행은 방학숙제가 아닙니다.

여기까지 왔는데 거기도 뺄 수는 없지.

이런 생각은 그만 버리세요.

백수의 왕.

사자를 왜 그렇게 부를까요?

달리기를 잘해서? 이가 튼튼해서? 조직력이 좋아서?

제 생각에는 아닙니다.

약육강식의 논리가 철저한 초원에서 누구보다 잘 쉬어서입니다.

초식동물이 언제 마음 편하게 배 뒤집어 까고 하품하면서

쉬는 걸 본 적 있나요?

사부작사부작.

우리 할머니 동네 마실 다니듯

여행만큼은 그렇게 다니면 좋겠습니다.

여기를 언제 또 오겠니, 하고 생각하다 보면 끝도 없습니다.

지구를 전부 돌아도 그건 채워지지 않으니까요.

여행 가방에는

'좋은 세상에 왔는데, 내 시간으로 살아야지.'

'봄에 이토록 좋은데, 가을에는 어떨까?'

이런 생각만 챙겨가세요.

Rio Maggiore, Italia, 2015

공부, 그거 잘하면 좋다. 누구나 다 안다. 세상에 나와 보니 명문대. 그것도 좋아 보인다. 아무래도 선택지가 조금 더 다양해 유용하다.

회사도 마찬가지다. 이왕 직장을 다니려면 더 좋은, 더 큰 회사에 다니기를 희망한다. 큰 회사일수록 하는 일의 규모도 크고 다양하다. 그러니 다들 열심히 공부를 한다.

고르고 평탄한 삶을 사는 데에는 공부를 잘하면 물론 유리하다. 하지만 우리의 모든 삶이 언제 한번 그렇게 평탄했더란 말인가. 삶은 계산기처럼 모두에게 일정한 답을 주지 않는다.

공부에 뛰어난 어느 친구 하나가 멀쩡히 잘 다니던 대기업을 그만두고 자기 회사를 차렸다. 나오기 전에는 나름의 아이디어와 경력, 그리고 인맥을 통해 곧 성공할 줄 알았다. 그러나 그가 자신의 이름을 건 회사를 차리는 순간 그는 큰 회사의 유능한 직원이 아니라 지극히 무명의 신생회사 대표가 된다. 할 수 있는 영역이 현격히 다르고 외부에서 아이템을 보는 시선도 전과 다르다. 다달이 찾아오는 월세의 압박과 몇 명 되지도 않는 직원의 월급이 그토록 무서운 줄 전에는 몰랐다. 주변에서는 걱정 어린 말들이 쏟아진다. 조금 더 배우고 능력을 쌓아서 차려도 늦지 않는다는 것. 가족들은 아직 장

가도 못 갔는데 왜 그리 서두르느냐, 돈 많이 주는 회사를 그만두고 밥은 먹고 살겠느냐 걱정한다.

만일에 그가 정말 돈을 많이 벌기 위해서였다면 자기 일을 벌이지 않는 편이 나았을지 모른다. 어디서나 험난한 미래가 기다리고 있겠지만, 자영업으로 성공하는 확률이 대기업 임원이 되는 확률과 크게 다르지 않았을 테니 말이다. 그러나 그런 그가 자기만의 방식으로 뛰기 시작하면 그것은 상상도 하지 못할 결과를 낳을 수 있다. 천천히 자란 나무는 천년의 건축이 되고, 빨리 자란 나무는 톱밥이 되어버린다.

자꾸만 엉덩방아를 찧으며 넘어지는 아기가 있다. 무언가를 잡고 일어서려 노력하는 모습이 안쓰럽다. 그렇다고 매번 안아주고 유모차에 태워서 데리고 다닐 텐가? 힘들고 위험하니 그저 기어 다니라고만 할 사람은 아무도 없을 것이다. 장차 그 아이의 걷기와 달리기가 공부해서 얻어지는 것이 아니라는 것도 우리는 알고 있다. 아이는 터득할 것이고 세상 곳곳으로 발걸음을 옮길 것이다.

어차피 물은 웅덩이를 모두 채운 뒤에야 앞으로 흐를 수 있다.

Volubilis, Morocco, 2014

Volubilis, Morocco, 2014

Paris, France, 2014

고백하건대 저요, 술 참 좋아합니다. 술자리에만 있어도 즐겁
죠. 주종과 관계없이 함께하는 사람이 좋다면 늘 좋습니다. 술은 좋
아하지 않지만 술자리는 즐기는 사람, 오로지 술만 좋아하는 사람,
술자리도 술도 안 좋아하는 사람 누구와도 잘 마십니다.

학교 다닐 때 창조라는 모임이 있었습니다. 요즘의 창조경제와는 아무런 관계가 없는 기계공학과 선배들이 만든 모임입니다. 2000년대 초반, 88만 원 세대의 선봉에 선 저희는 과도기적 대학 생활을 했습니다. 바로 윗세대의 선배들이 수월하게 취업하는 것도 보았고, 현실이 얼마나 어려운지도 알게 되는 시기였기 때문이죠. 그렇지만 정말 많이도 놀았습니다. 학교 분위기상 공부를 열심히 하는 다수가 있었으나 저와는 가깝지 않았습니다. 100명 정원에 2~5명 남짓한 여학우를 제외하고는 전부 남자인 과에서 놀아봐야 뻔합니다. 당구장에 가고 피시방이나 가는 게 다죠. 저녁에는 당연하게 술을 먹고요. 보통은 소주를 마셨습니다. 어쩌다 맥주를 먹는 일도 있었지만 대부분 어둑한 술집에 앉아 담배를 피워가며 소주를 마셨죠. 돈이 없을 땐 학교에서 탕수육 하나에 예닐곱 명이 소주를 마시기도 했습니다. 지금은 실내에서 담배를 피울 수 없고, 교내에서도 음주가 안 되니 생각하기 어려운 일입니다. 담배를 피우지 않는 저도 집에 오면 머리며 손이며 온몸에서 담배 냄새가 났죠.

그 덕에 참 많은 에피소드가 생겼습니다. 술 먹다 사라진 친구를 찾아 온 시내를 돌아다니기도 하고(보통 그러면 알아서 집에 잘 가 있는 게 태반이죠), 새로운 친구를 사귀게도 되죠. 용케 시비에 휘말리거나 다치는 경우는 없었습니다. 정말 술이 없었으면 어쨌을까 싶을 정도로 재미있는 일들이 많았습니다. 세계여행을 하면서도 다양한 술과 함께 많은 일을 겪었죠. 전 세계 어디에나 술이 있고, 심지어 신도에게는 음주가 금지된 이슬람국가에서도 술을 찾아 먹을 수 있었습니다. 외국인은 신도가 아니므로 구할 수만 있다면 마셔도 됩니다.

창조라는 모임이 어느덧 15년이 되어갑니다. 그 사이 다들 건실한 나라의 일꾼이 되었습니다. 많이들 결혼했고, 아이 둘의 아버지도 있지요. 다들 바빠서 일 년이면 몇 번 모이기도 힘들게 되었지만, 여전히 술잔을 주고받으며 추억을 곱씹습니다. 그러다 어느 날 한 선배가 말했습니다.

"거참. 술은 지금도 먹을 수 있는 건데 말이야."
다들 무슨 소리냐며 돌아다보았습니다.
"그렇잖아. 지금도 먹고 앞으로도 마실 건데 그땐 왜 그리 기를 쓰고 마셨나 몰라."

그때도 충분히 놀았지만 굳이 술을 그리 많이 마셔가며 놀 필요가 있었느냐는 이야기였습니다. 듣고 보니 그렇더군요. 오늘 마실 술을 내일로 미루지 말자는 마음가짐으로 실컷 마셔대던 그때를 생각하면 지금은 아주 양반이 되어 있지만 돌이켜보면 그때 그

열정으로 더 많은 것을 했을지도 모르니 말이죠. 술도 마시고 더 많은 것들을 찾아 모험했을 테니까요.

어떠한 상황에서도 술을 미루지 않은 덕에 자존과 신념을 지킨 사례도 있지요. 소설 《고요한 돈 강》으로 1965년 노벨문학상을 받은 러시아 현대 문학의 거장 미하일 숄로호프의 《인간의 운명》에 보면 주인공 소콜로프가 술 덕에 목숨을 부지한 일화가 나옵니다. 1942년 2차 세계대전 당시 러시아군으로 징집된 운전병 소콜로프는 독일군의 폭격으로 포로가 됩니다. 이후 독일 전역을 끌려다니는 포로생활을 하죠. 그러던 어느 날 극도의 굶주림과 과중한 노역에 대한 불만을 표시한 이유로 소장에게 문책을 당했습니다. 그들은 술과 먹을 것을 잔뜩 쌓아놓은 자신들의 방에서 권총을 들고 장난치듯 총살을 치르려 했죠. 그 상황에서 소장은 마지막으로 독일군의 승리를 위해 술 한 잔과 안주를 먹고 죽을 것을 명합니다. 평범한 가장이던 소콜로프는 적군의 승리를 위해 마시라는 말 때문에 단호하게 거절하죠. 그렇다면 스스로 죽음을 위해 마시라며 소장이 끝까지 술을 권하자 오랜 시간 굶주려 있었음에도 그는 술만을 마십니다. "환대에 감사하며 죽을 준비가 되었으니 총살을 거행하시라"는 말에 의아한 소장은 죽기 전에 안주도 먹으라 하지만, 소콜로프는 "나는 첫 잔을 비운 후엔 안주를 먹지 않습니다"고 말합니다. 이 대목은 대학생이던 당시 안주를 넉넉히 사 먹을 돈이 없던 제가 자주 써먹던 내용입니다. 정말 유치하기 짝이 없지만 그때나 지금이나 '없어도 우아하게, 있어도 납작하게'가 삶의 기치인 저로서는 제법 든든한 인용구였습니다.

소설에서는 거푸 독한 술을 석 잔이나 먹으면서 안주는 단 한 입만 베어 먹었던 소콜로프의 의연한 태도에 초점을 맞춥니다. 죽음 앞에서 스스로 돼지가 되지 않고 러시아인으로서, 군인으로서의 품위와 신념을 지킨 덕에 그는 목숨을 부지할 수 있었습니다. 당시에는 거장 미하일 솔로호프의 깊은 의미를 제대로 알지 못했지만 시간이 흘러 술과 사색을 곁들이면서 천천히 알게 되었죠. 그 어떤 삶의 장애물도 인간으로서의 존엄을 해칠 수는 없다는 것을 말입니다.

자. 이제 우리 여행을 간다고 한번 생각해볼까요?

누구나 마음에 담아둔 여행지가 적어도 한 두 군데씩은 있을 겁니다. 신비로 가득한 저 멀리 페루도 좋고요, 역사와 문화의 나라 이탈리아도 좋고, 대자연의 아프리카 어느 나라도 좋습니다. 한번 정해보세요.

그런 다음으로는 무얼 할까요? 항공권 예매? 숙소 예약? 맛집 검색?

아닙니다. 그전에 우리가 지나는 몇 가지 걸림돌이 있습니다.

이 여행이 얼마나 가기 어려운지, 가려면 얼마나 많은 것을 희생해야 하는지를 생각합니다. 여러 가지 이유를 만들어놓고 혹시라도 가지 못했을 때 빠져나갈 길을 미리 만들어놓습니다. 그다음으로 항공편 등을 알아보면서 다시 또 못 가는 이유를 찾습니다. 떠나는 용기가 다른 핑계에 휘둘리도록 그냥 둡니다. 그런데도 떠난다면 나는 정말 여행을 좋아하는 사람이고, 용감한 사람이니까요.

때로 더 긴 여행을 준비하고 꿈꾸는 사람들도 있습니다. 몇 달 동안의 세계여행, 장기간에 걸친 대륙횡단. 누구나 꿈꾸는 멋진 일이죠. 그런데 그전에 우리는 학교를 졸업해야 하고, 취업을 해야 하고, 돈을 모아야 합니다. 이런저런 이유로 장대한 계획은 차일피일 밀리게 되는 거죠.

이것은 비단 여행에만 국한되는 일이 아닙니다. 하고 싶은 일과 하고 있는 일 사이에서 고민하는 많은 사람을 만났고, 이야기를 들었습니다. 저도 마찬가지로 늘 하고 싶은 일에 대한 열망과 현실 사이에서 방황합니다. 그때 마신 술은 지금도 마실 수 있습니다. 앞으로도 마실 수 있죠. 매번 내일을 위해 오늘의 기쁨을 반납하고 하루하루를 버티며 가는 것에는 분명 한계가 있습니다. 앞의 과정을 마쳐야만 다음 과정으로 가는 일은 고등학교를 졸업하면서 졸업했다고 생각합니다. 술 한 잔에 안주 한 점이듯, 해야 할 일과 하고 싶은 일 사이의 균형이 더 즐겁고 오래 술자리를 이어갈 수 있는 비결이 아닐까요.

즉, 우리의 삶은 결코 코스요리가 아니라는 것입니다. 어떤 상황에서도 우리 자신의 삶만큼은 9첩, 12첩 반상이기를 바랍니다.

Wuzhen, China, 2014

#11
좋은날

Firenze, Italia, 2015

좋은 날

왜 그럴 때 있잖아.

나 혼자 해놓고 막 신나서 소리 지를 때.

방문 앞에 놓인 조그만 재활용 상자에

다 먹은 캔 던졌는데 기가 막히게 들어갈 때.

휴대전화 떨어뜨릴 뻔했는데

그걸 또 딱 잡아서 살려낼 때.

오늘이 난 그런 날이다.

당신을 만난 날이 바로 그런 날이다.

건축가가 존경하는 건축가

페터 춤토어

은둔의 성자.

관찰의 대가.

날카로운 시선과

온화한 대화.

설계를 마치면 병상에 누운 아내에게

정성껏 브리핑을 한다고 했다.

그와의 시간은

작업이 아니라 소중한 배움이었다.

Namyang, Korea, 2014

사진가에게 카메라에 담긴

사진을 전부 보여달라 하지 마세요.

실례는 아니지만

그의 마음을 다 들키고 마니까요.

더구나 그 안에

당신이 너무 많이 들어 있으면

곤란할지 몰라요.

Bali, Indonesia, 2015

Lewis Island, UK, 2012

사진을 찍는 일은 원하는 순간을 잡아내는 일이다.

멋진 곳, 아름다운 대상이라 해서

함부로 셔터를 누르지는 않는다.

비 나리는 골목에서도,

뜨거운 햇살 아래서도

사냥하는 짐승처럼 소리 없이 기다린다.

하염없이 파도치는 바닷가에서도

파도에다 렌즈를 겨눈 채 그 어느 순간을 기다린다.

어디 사진뿐이겠는가.

삶의 행복 또한 우리가 바라 마지않는 순간의 고요한 층적이다.

서쪽은 해가 지는 곳이다.

지구 어디서나 그렇다.

다들 그렇게 생각한다.

하루를 정리하는 방향

어둠을 가장 먼저 맞이하는 곳.

아니었다.

서쪽은 가장 마지막까지 빛을 붙들고 있는 곳이다.

거룩한 동녘만 찬양하는 시선은 가라.

오늘도 새로운 곳에 서서

어제와 같은 석양을 본다.

끝날 때까지는 끝난 것이 아니다.

Firenze, Italia, 2015

Milano, Italia, 2015

우주의 복잡계를

어떤 이론이나 공식으로 설명하는 것이 불가하듯

인간의 오감을 온전히 전달하는 것 또한 불가능에 가깝다.

그 어떤 사진이나 영상, 글도 표현에 한계가 있다.

바빠진 현대사회는 우리의 감각을 시각, 미각 또는 청각에만

몰두하도록 한정 지었고 그 안에서 누가 더 잘 아는가를

으스대느라 바쁘게 했다.

건축이, 또는 여타의 예술이 좋은 결과를 얻는다는 것은

경험의 세계를 누가 더 잘 전달하는가의 고민에서 비롯된다.

사진 또한 그 고민에서 벗어날 수 없음은 당연하다.

예술의 범주에 들고 안 들고는 중요치 않다.

삶의 기쁨, 아픔과 슬픔, 흔치 않은 경험을 잘 다듬어

누군가에게 전하는 것. 그것이 새로운 감정을 불러일으킨다면

그 또한 예술의 길이리라.

카메라의 기능을 익히고 촬영 기법을 배우는 것은 금방이다.

정말 익혀야 할 것은 하나의 장면으로 경험을 전달하는 것.

배움의 기쁨 천천히 음미해도 늦지 않겠다.

Corniglia, Italia, 2015

키르케고르는 '인간은 앞을 보고 살아야 하지만
자신을 알기 위해서는 뒤를 보아야 한다'고 했다.
반만 긍정하고 싶다. 여행을 가서도 목적지를 보고,
지나온 길을 보는 것만으로는 부족하지 않나 싶다.
지긋이 주변을 둘러보고, 지나는 사람들과
열린 문 하나하나에 눈을 마주치는 게 좋다.
자신을 알기 위해서도 옆을 보아야 하고,
멀리 가기 위해서도 옆을 보아야 한다.
그렇게 담백한 걸음으로 세상과 함께 나아가면 좋겠다.

놀이터

놀던 아이들

공 좀 주세요.

아니, 아니

배구공이에요.

발로 차지 말아요.

던져주세요.

맞네.

배구공은 손으로,

축구공은 발로.

당신 마음은

내 마음으로.

Pokhara, Nepal, 2014

Seoul, Korea, 2013

잘 알지도 못하는 주제에 거듭

건축에 대해 많은 이야기를 할애했다.

우리 전통의 건축들은 실로 경험의 극치를 가져다준다.

특히나 좋아하는 공간은 종묘 정전.

어린 시절 견학으로는 아무런 감흥이 없었는데

서울시와 Visit Seoul 화보 작업을 하다 빠져들었다.

중요한 결정을 앞두거나 머릿속이 복잡할 때 꼭 들르는 곳.

101m의 낮고 깊은 지붕 아래 열주와 그 앞 월대 위의

묘정을 바라보면 비어 있음에도

기득한 기운에 도심에서는 느끼기 어려운

묵직한 개방감을 준다.

우리의 전통건축이 거기서 거기라거나,

그다지 웅장하지 못하다는 분들은 아직

그 진가를 다 알아채지 못한 것이 아닐까.

외부에서 바라보았을 때 아름다우라고 만든 것은 많지 않다.

무엇보다도 지내는 사람이 안에서 밖을 내다볼 때

아름답도록 지은 철학을 곳곳에서 확인할 수 있다.

서원이나 대갓집을 둘러볼 땐 꼭 대청마루에 한 번은

머물러볼 일이다. 그곳에서 빌려다 쓴 경치를 바라보면,

기둥 사이로 들어오는 바람의 애무를 받다 보면

그것이 얼마나 깊은 통찰을 갖고 지어졌는지 알 수 있다.

빼곡한 대나무 사이를 지나 만나게 되는 담양 소쇄원,

호방한 스케일의 차경이 일품인 병산서원과 우아한 자태가

자연에 녹아든 배치의 도산서원, 자연을 따른 구성과

곳곳의 디테일에 고집스러운 철학을 담은 도동서원 등이

바로 그 예다.

Sanchung, Korea, 2015

Gosung, Korea, 2015

우리의 삶이 우리의 건축과 닮았으면 좋겠다.

겉으로 보았을 때 위세가 등등하고, 번쩍이기보다,

안으로 안으로 임할수록 더욱 깊은 향이 나고,

언제나 늘 주변을 둘러보는 그러한 삶이면 좋겠다.

Taebaek, Korea, 2011

감정변경선

팟캐스트 〈여행수다〉를 아시나요?

세계여행을 하던 무렵, 볼리비아 우유니 소금사막에 들어가기 전날이었습니다. 며칠째 씻지 못한 상태에서 도착한 라구나 베르데 Laguna Verde는 앞뒤 가릴 것 없이 뛰어들게 만드는 온천을 품고 있었습니다. 온천에서 황무지의 일교차에 굳어 있던 몸을 녹이던 중 저쪽에 우리나라 방송국의 취재팀이 보였습니다. 만리타국에서 한국인을 마주쳤음에도 각자의 용무에 바빠 어영부영 인사도 하는 둥 마는 둥, 그저 스쳐 지나갔지요. 우유니 소금사막의 아름다움에 흠뻑 빠져 있다가 나온 어느 오후, 저녁을 먹는데 식당의 전기가 끊어졌습니다. 볼리비아에서는 지극히 흔한 일이기 때문에 별수 없이 가게 밖으로 나와 촛불을 켜놓고 식사를 이어갔습니다. 아직 해가 지기 전이라 분위기가 제법 좋았습니다. 그런데 며칠 전에 온천에서 보았던 취재팀이 들어오더군요.

우리는 야외테이블에 앉아 함께 저녁을 먹게 되었습니다. 서로 어떻게 여행을 하던 중인지 이야기를 나누었고, ROTC로 군 복무를 하며 장교 월급을 모아 제대와 동시에 세계여행을 떠나왔다는 스토리도 풀어놓게 되었습니다. 그러자 느닷없이 돌아오는 피디님의 반말. "어? 너 몇 기냐?" 상황을 알아차리고 엉거주춤 일어나. "앗. 충성. 44기입니다." 잠시 찌푸리던 피디님은 "에흐. 야. 와인 두 병 더 시켜!"

우리는 그렇게 만났습니다. 볼리비아 한복판에서 ROTC 선배와 후배로 말이죠. 그리고 저는 남은 여행을 마치고 한국에 돌아왔고, 탁피디님은 여전히 피디 생활을 하고 있었죠. 저는 가난한 문하생이었고, 그는 가끔 술을 사주는 선배였습니다. 그렇게 5년이 흐른 어느 연말, 피디님이 다음 주말 일정을 물었습니다. 저는 별일 없다고 했죠. "그럼 너 일요일에 와서 여행 얘기나 좀 해라." 몇몇 사람들 앞에서 남미 이야기를 하면 된다고 했습니다. 사진작가 김홍희 선생님도 나온다더군요. 뭐 그런 일이야 대수롭지 않게 생각하고 수락했습니다. 한데 막상 그곳에 가보니 150여 명이나 되는 사람이 모여 저희의 입만 바라보고 있더군요. 이것이 명실공히 여행분야 팟캐스트 1위 프로그램 〈여행수다〉의 첫 회가 될 줄은 그땐 몰랐습니다. 워낙 입담이 좋은 두 분이라 저는 그저 꿔다놓은 보릿자루 역할만 충실히 하고 나온 기억밖에 없습니다. 그런데 행사가 끝나자 탁피디님은 "어때? 재밌지? 다음다음 주에는 뭐해?" 하고 물었습니다. 그때도 별일이 없던 저는 또 하자는 이야기에 그저 끄덕일 따름이었습니다.

〈여행수다〉는 이제 3년을 향해 가는 중입니다. 거쳐 간 이야기 손님만 70여 명이고, 매번 공개방송으로 진행되는 녹음 현장에 찾아오신 방청객 수만도 다 헤아리기가 어렵습니다. 참 많은 분에게서 여행을 배우고, 삶을 배우고, 행복을 배웠습니다. 저희는 그저 숟가락 얹고 묻어가는 진행자일 뿐이지요.

사실 〈여행수다〉의 진가는 방송을 듣는 것만으로는 알 수가 없습니다. 무슨 수다인지 어떤 내용인지 들어본 적도 없고, 뭐하는 건지 몰라도 상관없습니다. 공개녹음에 한 번만 와보면 누구나 그 분위기에 젖어들게 됩니다. 1년에 두 번 진행하는 '방랑음악회' 역시 마찬가지랍니다. 폭발적인 현장 반응으로 어느덧 4회까지 치르게 되었습니다. 아빠에게 업혀 온 돌이 지난 아이부터 부모님 또래의 중년까지 모두가 만족하는 즐거운 축제지요. 홍대의 여러 뮤지션, 그중에서도 세계음악을 하는 밴드들과 함께 멋진 무대를 꾸며 여행수다의 백미로 자리 잡았습니다. 이렇듯 〈여행수다〉는 이야기와 음악을 통해 세계의 다양한 문화를 소개하고, 저마다의 여행을 즐기는 방법을 배우고 있습니다.

저희와 가까운 탁현민 교수님이 〈여행수다〉에 나와 한동안의 제주살이를 들려주신 적이 있습니다. 비행기에서 내려 서쪽을 향해 가다 보면 애월읍에서 한림읍으로 넘어가는 길이 얼마나 멋진지를 설명해주셨지요. 평범한 도로를 달리다 어느 내리막을 벗어나 커브를 도는 순간, 눈앞에 펼쳐지는 제주의 바다가 그렇게 아름다울 수 없다는 겁니다. 재미있게도 제주를 자주 다녔던 저와 탁피디님은 함께 그곳을 지나가본 적이 없음에도 모두 똑같이 어디인지를 알 수 있었습니다. 교수님은 그곳을 '감정변경선'이라고 부른다 했습니다. 정확한 표현입니다. 언제라도 제주에 가신다면 감정변경선을 찾아보세요. 그간의 좋지 않은 생각이 채로 걸러지듯 쏙 빠져나가는 것을 느끼실 겁니다.

저는 글쓰기를 제대로 훈련받은 적도, 연습해본 적도 없습니다. 그래서 처음 책을 만드는 데 아주 긴 시간이 걸렸고, 고생도 많이 했습니다. 두 번째라고 달라지는 것은 없었습니다. 하나도 쉽지 않았고, 조금 나이가 들고 직업인이 되면서 순수성과 생각의 유연성이 떨어져 자칫 꽉 막힌 내용을 적어내기도 하는 자신을 보았습니다. 아름다운 사진에 편안한 글을 담아 여러분께 전해드리는 것이 저의 소명이지만, 늘 그 욕심에 못 미치는 결과물이라 답답할 따름입니다.

그러다 아이를 키우는 집이라면 으레 있기 마련인 키재기 기린을 생각하게 됐습니다. 제가 "이만큼 컸어요"가 아닌 "제가 이렇게 자라가고 있습니다"라고 이야기하는 것도 좋겠다 싶었습니다. 저의 하는 일과 생각들이 조금씩 커가며 얻는 기쁨을 당신과 함께하고 싶습니다. 앞으로도 늘 그렇듯 시대의 기록가이며 시대의 동반자로서 언제든 그 선을 건널 수 있게, 제가 하는 방송과 사진, 저의 글이 여러분의 감정변경선이 되기를 소망합니다.

감사합니다.

2015년 계절의 변경선에서
전명진

낯선

펴낸날 초판 1쇄 2015년 10월 9일

지은이 전명진

펴낸이 임호준
이사 홍헌표
편집장 김소중
책임 편집 김은정 | **편집 3팀** 윤혜민 김송희
디자인 왕윤경 김효숙 | **마케팅** 강진수 임한호 김혜민
경영지원 나은혜 박석호 | **e-비즈** 표형원 이용직 김준홍 류현정

인쇄 (주)웰컴피앤피

펴낸곳 북클라우드 | **발행처** (주)헬스조선 | **출판등록** 제2-4324호 2006년 1월 12일
주소 서울특별시 중구 세종대로 21길 30 | **전화** (02) 724-7683 | **팩스** (02) 722-9339
홈페이지 www.vita-books.co.kr | **블로그** blog.naver.com/vita_books | **페이스북** www.facebook.com/vitabooks

ISBN 979-11-5846-024-2   13980

• 이 도서의 국립중앙도서관 출판예정도서목록(CIP)은 서지정보유통지원시스템 홈페이지(http://seoji.nl.go.kr)와
  국가자료공동목록시스템(http://www.nl.go.kr/kolisnet)에서 이용하실 수 있습니다. (CIP제어번호: CIP2015026385)

• 북클라우드는 독자 여러분의 책에 대한 아이디어와 원고 투고를 기다리고 있습니다.
  책 출간을 원하시는 분은 이메일 vbook@chosun.com으로 간단한 개요와 취지, 연락처 등을 보내주세요.

북클라우드 는 건강한 마음과 아름다운 삶을 생각하는 (주)헬스조선의 출판 브랜드입니다.